60分でわかる！

THE BEGINNER'S GUIDE TO
ROBOTIC PROCESS AUTOMATION

RPA
ビジネス
最前線

RPAビジネス研究会 著
株式会社アイティフォー
ナイスジャパン株式会社 監修

技術評論社

Contents

Chapter 1
ホワイトカラーの生産性を革新する！ RPAの基本

001	RPAって何？	8
002	RPAによって実現されるデジタルレイバー	10
003	RPAが登場した背景は？	12
004	なぜいまRPAが注目されているのか	14
005	広がる国内のRPA市場	16
006	RPAはどのような業務プロセスに効果的か	18
007	RPAが得意な業務は？	20
008	RPA導入でもたらされるメリットは？	22
009	サーバー型RPAとデスクトップ型RPA	24
010	マクロとRPAツールの違いは？	26
011	ルールベースと自己判断ベースの自動化の違い	28
012	業務の自動化　4つのレベル	30
013	RPAで加速する「働き方改革」	32
Column	RPAは企業の救世主になるか？	34

Chapter 2
定型業務をいますぐ自動化！ RPAの実践事例

014	RPAを導入しやすい業種や部門は？	36
015	業界別に見る！ RPAによる業務改革	38
016	バックオフィス部門の適用業務は？	40
017	フロントオフィス部門の適用業務は？	42
018	入力作業を自動化しヒューマンエラーが0（ゼロ）に	44

019	手作業、データ統合、判断までを完全自動化	46
020	Webマーケでブラウザ操作をオートメンション化	48
021	サーバ監視と復旧作業をロボットが代行	50
022	来訪者対応もスムーズに！ オフィスの受付業務	52
023	帳票作成の時間を短縮し空き時間はセールス活動に	54
024	伝票データの入力は「仮想社員」におまかせ	56
025	処理スピードが100倍に！ 解約手続き業務を自動化	58
026	ヘルプデスクでの問診で作業効率が大幅に向上	60
027	総務省が導入！ RPAで無線局申請関連業務の効率化に挑む	62
028	後処理時間を82%削減！ コンタクトセンターの効率化	64
029	配送業者の手配を自動化　年間5,000時間を削減	66
030	自治体でも増加するRPA導入事例	68
031	中小企業や大企業の一部門が選ぶクラウド型RPA	70
Column	RPAロボットへの仕事依頼が可能に	72

Chapter 3
開発から運用まで全解剖！　RPAのしくみ

032	RPAの導入に必要なモノやコトは？	74
033	RPAに必要な3つの機能－①設定・開発	76
034	RPAに必要な3つの機能－②実行・運用	78
035	RPAに必要な3つの機能－③管理・調整	80
036	RPAを実現する構成技術	82
037	対象アプリを解析する「構造解析」	84
038	操作対象を特定する「画像解析」	86
039	ロボットの行動ルールを生成する「ルールエンジン」	88

040	処理手順を設計し実行する「ワークフロー」	90
041	アプリを高度かつかんたんに制御できる「API」「ライブラリ」	92
042	RPAと連携する周辺技術	94
043	RPAツールが抱える問題とは	96
044	ロボットの管理をロボットで行う	98
Column	RPAとの親和性を高める「スマートDB」	100

Chapter 4
さあはじめよう！ RPAの導入と管理運用

045	デスクトップ型RPAなら20万円台から導入できる	102
046	自社開発か導入支援サービスを活用するか	104
047	記録型と構築型のどちらを選ぶか	106
048	RPAは「試行」が成功の鍵	108
049	RPAの導入に必要な人材と組織	110
050	現場主導型とトップダウン型どちらを選ぶ？	112
051	RPA導入の前にすべきこと	114
052	RPA導入に不可欠な「ガバナンス整備」	116
053	RPA導入の流れ	118
054	RPAツールの選び方	120
055	コストと管理を考えるとクラウド型RPAもある	122
056	導入テストはどうする？	124
057	RPAの運用に失敗しない方法は？	126
058	RPAの管理・統制・運用に適した組織を構成する	128
059	RPAプロジェクトの人材に求められるスキルセット	130
060	RPA導入後の課題解決を図る「RPA診断」	132

061	野良ロボットを生み出さないために	134
Column	独自のロボット開発に強いRPA	136

Chapter 5
どうなる! RPAがひらく業務効率化の未来

062	ホワイトカラーの仕事は奪われるのか	138
063	RPA運用に特化した職種の登場	140
064	AIとの連携でより高度な業務も可能に	142
065	他の技術との連携で期待される業務の自動化	144
066	ロボットにも「働き方改革」が必要?	146
067	ビジネスツールとRPAの連携による進化	148
068	RPAの進化形　CPA・IPAとは	150
069	自動化ソフトウェアからオペレーション改革を実現する手段へ	152

RPA関連企業リスト … 154
索引 … 158

■ 『ご注意』ご購入・ご利用の前に必ずお読みください

　本書に記載された内容は、情報の提供のみを目的としています。したがって、本書を参考にした運用は、必ずご自身の責任と判断において行ってください。本書の情報に基づいた運用の結果、想定した通りの成果が得られなかったり、損害が発生しても弊社および著者はいかなる責任も負いません。

　本書に記載されている情報は、特に断りがない限り、2018年9月時点での情報に基づいています。サービスの内容や価格などすべての情報はご利用時には変更されている場合がありますので、ご注意ください。

　本書は、著作権法上の保護を受けています。本書の一部あるいは全部について、いかなる方法においても無断で複写、複製することは禁じられています。

　本文中に記載されている会社名、製品名などは、すべて関係各社の商標または登録商標、商品名です。なお、本文中には ™ マーク、Ⓡマークは記載しておりません。

Chapter 1

ホワイトカラーの生産性を革新する！ RPAの基本

001

RPAって何?

知的生産を効率化するRPA

「RPA」は、「Robotic Process Automation」の略称で、ロボット技術による業務プロセスの自動化のことを指します。ホワイトカラーと呼ばれるデスクワーク中心の業務で活用が進むRPAは、いわば知的生産現場におけるロボットによる自動化です。

RPAという言葉は、2015年頃から欧米を中心に使われ始めました。近年では、ホワイトカラーの作業を効率化できる有力なソリューションとして、国内外で導入する企業が増え、成果を上げつつあることから注目を集めています。**これまで人間が行っていたパソコンを用いたデスクワーク中の作業プロセスを自動化することで、生産効率の向上に貢献**しています。

1980年代には「オフィスオートメーション(OA)」をキーワードに、コピー機やFAX機を始めとする多くの情報・事務機器によって効率化が推進されました。1990年代以降はとくに、コンピュータやネットワーク技術を中心としたITの発展によって、多くの業務プロセスがシステム化されています。経理や生産管理、販売管理、顧客管理などのいわゆる基幹系のシステムを始め、業務の中で日々扱われるスプレッドシートやデータベース、ワードプロセッサソフトなどによって、その作業効率や精度が向上していきました。

RPAは、そのようなシステム化やデジタル化が進んだホワイトカラーの業務の中で、いまだに人間が行っている作業を自動化してくれるものです。産業ロボットと違って物理的な筐体はありませんが、業務を飛躍的に効率化してくれるでしょう。

生産現場と知的生産における効率化

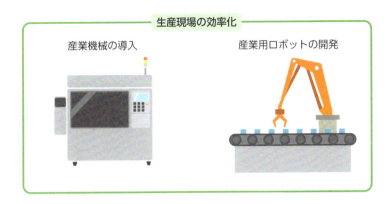

▲生産現場は産業ロボットの開発によって、知的生産はコンピュータ・ネットワーク環境の進歩によって効率化されてきた。

002
RPAによって実現されるデジタルレイバー

RPAはデジタルレイバーを構築・運用すること

　RPAは、社内システムや社外のWebサイトなどから必要な情報を収集したり、それを表やグラフにまとめて変化の分析や判断がしやすいように加工したり、業務の情報を社内システムに入力したりといった、**さまざまな情報処理の中間作業を代行**してくれます。わかりやすくいえば、「スプレッドシート上にあるデータをコピーしたり確認したりして、社内システムへ入力する」というようなルーチン作業を、**人間が行っている操作に則って自動的に作業してくれる**というものです。人間を作業から解放してくれるだけでなく、人間だから起こしてしまうミスも回避できます。

　RPAで実現するロボットは、産業用ロボットが人間が行うライン作業を代行したのと同じように、事務的作業をデジタル上で代行するため、**「デジタルレイバー（Digital Labor、仮想知的労働者）」**とも呼ばれています。RPAのロボットは人間が実際に行っている、「スプレッドシートのどの位置の数値を確認し、どのカラムの数値をコピーするのか？」や「どの社内システムのどの画面を開き、どこのフィールドに入力するのか？」などを、事前にルール化しておくことで、それに基づいて作業を進めさせることができます。

　RPAは、このような人間が行う一定以下の知的作業を確実に処理することができるロボットを設計・構築、そして運用していく取り組みであるといい換えることもできるでしょう。RPAの適用範囲によって構成は異なりますが、サーバーやパソコン1台に対し、複数のロボットで構成するのが一般的です。

RPAにおけるデジタルレイバーの役割

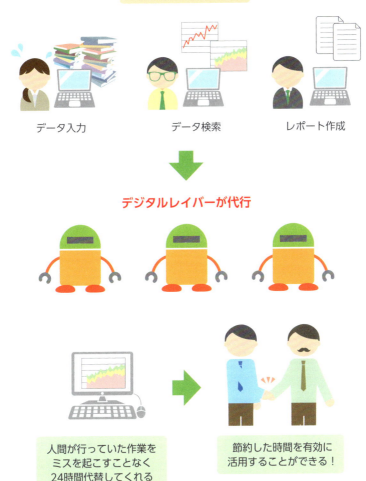

▲デジタルレイバーは、人間が日常的に行っているデスクワークを代替して実行することができる。人間は、節約できた時間を付加価値の高い業務にあてることが可能だ。

003

RPAが登場した背景は？

「働き方改革」を推進するRPA

　従来のソフトウェア・システムは、Excelファイルの表のように、主に構造化されたデータを対象にして、各業務に特化した高度なデータ処理を行うものでした。しかしRPAは、ディスプレイ上に表示された文字や図形などの非構造化データをも対象として、比較的かんたんな方法でより高度な処理を行え、さまざまな業務に適用できます。また、ソフトウェア・システムでは、専門知識を持った開発者によるプログラミングが必要ですが、かんたんなロボットであれば、IT部門以外の業務部門のスタッフでも開発が可能です。そのため、開発期間やコストを抑えることができますが、業務部門のスタッフが本当に使いこなせるかどうかについては、現在大きなテーマとなっています。

　RPAは、**社内基幹システムやオフィスソフトウェアなどへの操作を人に代わって操作したり、事前に定義したルールに基づいた処理をしたりといった「作業」を行う**ことができます。このように、RPAは社内の基幹システム操作や条件分岐による処理が可能なため、既存のソフトウェア・システムを変更することなく、さまざまな業務に対応できます。

　ホワイトカラーが従来行ってきたルーチンワークをRPAに任せることで、人間はより高度な判断やプランニング能力が必要な業務にシフトさせる「働き方改革」にも影響を与えます。RPAが普及していけば、企業全体の業務効率の向上にもつながっていくと考えられます。

従来のソフトウェア・システムとRPAの違い

	ソフトウェア・システム	RPA
取り扱いデータ	構造化データのみ	非構造化データも可能
処理レベル・特性	業務に特化した比較的高度な処理	さまざまな業務に適用できる。比較的かんたんな操作で人間が行っている処理
開発期間	長期	短期
開発コスト	高い	低い

▲RPAは、開発コストや期間を抑制して、小回りの利く開発が可能だ。

RPAが代行する「作業」

社内基幹システムやオフィスソフトウェアなどの操作

一定のルールに基づく流れ作業

▲これらを組み合わせることによって、さまざまな業務に対応する作業を自動化できる。

004
なぜいまRPAが注目されているのか

人手不足などがRPA普及の背景に

　欧米では、従来BPOの対象だった業務領域を中心にRPAが普及していきました。BPOとは、業務プロセスを専門企業に外部委託することを指します。外注先の人件費高騰などによって、BPOの最大のメリットであるコスト削減効果が薄れ始めていたのがきっかけです。加えて、人間の仕事をアシスタントのように代行してくれる「bot」や、株式売買を自動的に行うプログラムなど、RPAの前身ともなるようなソフトウエアロボットが先行して普及していたこともRPA普及の後押しになりました。

　RPAがとくに注目されている理由の1つに**「人手不足」**があります。日本で急速に進む高齢化による労働人口の減少が、日本経済へ悪影響を及ぼすことが懸念されており、シニア世代に期待したり外国人労働者を受け入れても、不足した人材を補うことはできないといわれています。そこで、ホワイトカラーの領域においては、RPAが人手不足の即効薬になると期待されています。

　ROI（Return On Investment、投資利益率）の高さもRPAが注目される理由となっています。RPAの開発コストは、**従来のソフトウェア開発に比べて安価なうえ、人間が行っていた具体的な作業を「そのまま」自動化することができるため、作業時間さえわかれば、費用対効果がすぐに算出できる**というメリットがあります。

　近年、AI技術が発展してきています。今後はRPAにもAI技術が取り込まれていきますが、現状では、RPAとAIを併用することによって、より高度な業務の代替も可能になっていくでしょう。

RPAが注目される理由

人手不足や投資対効果への即効薬

▲RPAを導入することで、高齢化で懸念されている「人手不足」を解決することができる。また、人間が行う動作をそのまま自動化するため、費用対効果が算出しやすい。

RPAとAIの併用で高度な業務も可能に

▲RPAとAIの併用によって、より高度な判断が必要な業務もRPAに代替が可能だ。

005

広がる国内のRPA市場

右肩上がりのRPA市場

　国内では2016年から、金融・保険業界などを中心にRPAが導入され始めました。金融・保険業界では、書類の処理を中心とする膨大なバックオフィス業務を抱え、細かく煩雑な作業が多く、費用対効果を勘案すると、システム化の対象とするのも困難でした。そのため、その多くを手作業で行わざるを得ず、ホワイトカラーの人材資源を割かなければなりませんでした。

　そのような複雑な事務作業を効率化するために、RPAはうってつけの存在でした。"間違いが許されない"金融・保険業界においては、RPAを導入することで人為的ミスの防止にもつながります。また、RPAでは、**状況判断基準を定義しておけば、人間が行うよりも数倍速く条件分岐を含む処理ができます**。RPAを導入することで多くの事務処理作業が自動化されれば、**人件費削減や人材資源の再配分が可能**になります。

　金融・保険業界での成功をモデルとして、そのほかの業界でもRPAの導入が広がりつつあります。業界によって取り扱う情報種は異なっても、事務処理の基本的な業務フローはあまり大きな差がありません。そのことが、他業界への適用を容易にし、結果的にRPA普及の後押しとなりました。調査会社などが発表するRPA市場の動向調査では、市場規模は年々数倍になっており、今後も継続的な伸びが見込まれると予想されています。また、労働力不足を補う手段として、日本では将来的にRPAが200万人分の労働者の代替になり得るという見方を示している企業もあります。

労働力不足を補う決め手になる?

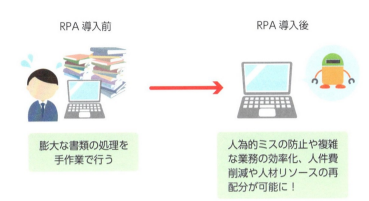

▲複雑な業務をRPAに任せることで、ミス防止や人件費削減などのさまざまなメリットを得ることができる。RPAは、将来的に200万人の知的労働者の代替になるともいわれている。

国内企業におけるRPAの導入状況

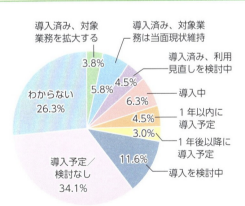

ガートナーによる「国内企業のRPA導入状況」

▲2017年に実施された調査結果では、「導入予定／検討なし」と「わからない」が全体の60.4%を占めた。しかし、調査会社などが発表するRPAの市場規模は年々拡大してきているため、今後はさらなる成長が見込まれるだろう。

006
RPAはどのような業務プロセスに効果的か

RPAが得意なのは「明確にルール化できる作業」

　ホワイトカラーが日々くり返し行っているデスクワークの多くは、情報の検索や収集、データの入力や突き合わせ、システムの定型的な操作などの組み合わせです。RPAはその一連の作業を自動化することができます。その条件は、あらかじめ**判断基準が明確な作業の集まりであること**です。

　現在のRPAは、「知的単純作業」ともいうべき業務を対象としています。人間が行う知的作業は、必ずしも単純なものばかりではありません。状況によって判断基準を変える必要があったり、業務マニュアルにはない曖昧な判断をしたり、経験知によって最適解を導き出したりしなければならない場合もあります。決まった正解がなく自らが課題を発見しなければならないことや、相反する状況に遭遇して難しい意思決定を迫られることもあります。このような業務をRPAで自動化することは現時点では困難です。

　こういった「人間的な」業務では、すべてを自動化する前の段階として、業務の中でロボットで代替できる作業を切り分け、人間とロボットが相互に能力を補い合って生産性を向上するためのRPA導入の取り組みが始まっています。

　機械学習やディープラーニングなどによってAI技術が成熟し、実用性が格段に向上していきました。これらの技術をRPAに適用し、人間の経験知をAIによって再現することで、従来のルールベースでは難しかった複雑な判断をAIに担わせて、RPAの適用範囲をより高度な業務へと拡張させようとする動きが盛んになってきています。

AIの活用でRPAの適用範囲が広がる

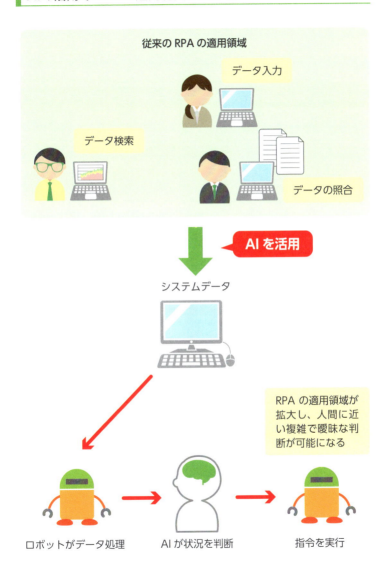

▲AIを始めとする最新技術とRPAを組み合わせることで、今後のRPAの適用領域を広げたり、効果を高めていったりすることが可能になっていく。

007

RPAが得意な業務は？

ヒトが行うと手間がかかる処理（＝面倒な処理）が得意

RPAが得意とする業務にはどのようなものがあるのでしょうか。

たとえば、**スプレッドシートなどで作成された一覧形式のデータを、専用アプリケーションに入力するような業務**です。比較的単純なデータ入力業務ではありますが、一覧表の列ごとの決まったフィールドに正しく入力していかなければなりません。人手で行う場合は入力フィールドの確認をその都度行わなければならず、効率が上がらない業務でした。こういった単純なくり返し作業はRPAにとって朝飯前で、高速かつミスなくこなせます。

同じ書式の中に混在するデータを識別して、内容に応じた**複数の業務システムやアプリケーションにアクセスして入力や更新を行うような業務**も得意です。人間が行うと、対象データの識別→アプリの選択→アプリの切り替え→入力位置の判断→入力、と複数のステップを要し、途中でミスが発生する可能性がありますが、RPAなら瞬時に間違うことなく判断して実行することができます。

同様に、**多数の相手に個別のデータを作成して送るといった業務**も、RPAなら迅速かつ正確に遂行できます。たとえば各営業所にいる担当者にその営業所の実績を個別に送付するような場合です。基幹システムから条件検索やフィルター機能を使って合致するデータを抽出し、それをExcelに移して集計し、見やすく加工して、メールに添付して担当者に送信する。これを毎月くり返し何十カ所にも送るとなると人間には大変な作業ですが、RPAであれば苦もなく処理することができます。

RPAが得意とする業務の例

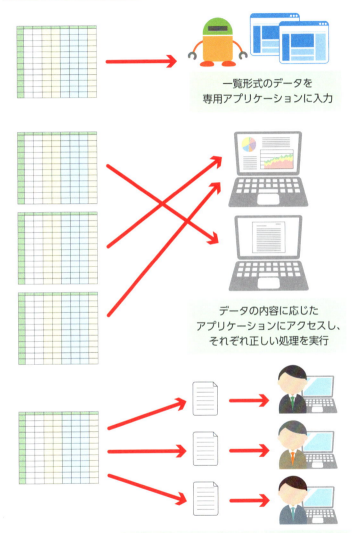

一覧形式のデータを
専用アプリケーションに入力

データの内容に応じた
アプリケーションにアクセスし、
それぞれ正しい処理を実行

特定条件のデータを抽出して、各担当者へ送付

▲一定条件に基づいたシステム間連携や特定条件によるデータ抽出など、判断基準が明確かつ手間のかかる処理がRPAのもっとも得意とする分野だ。

008
RPA導入でもたらされるメリットは?

RPA導入の主なメリット

　RPAを導入することで企業にもたらされるメリットは、まず1つ目が、**業務の効率化**です。RPAはコンピュータ上で動作し、的確な判断を瞬時に行うことができるため、処理スピードが格段に上がり、業務の生産性向上につながります。同時に、従来避けられなかったヒューマンエラーをなくすことで処理ミスを0%に近付けられ、出力結果の精度も高まります。その結果、今まで以上の**コスト削減と利益創出が可能**になります。さらに、業務効率化の結果によって生まれたゆとりは、人間が本来行うべき業務の**品質や精度を向上させます**。

　2つ目は、人間を雇う際に発生する**人事・労務問題が発生しない**ことです。夜間にフル稼働させても、休日返上で稼働し続けてもロボットなら何も問題ありません。一方で労働者の負担が軽減されれば、企業の労務面でのコンプライアンスが達成されます。すると社員の労働意欲が高まり、結果的にコーポレートガバナンスの向上にもつながります。

　3つ目は、**ブランディング**です。コンプライアンスの達成は企業のイメージアップやブランディングに直結するでしょう。優秀な人材を確保でき、新たな事業を創出する機会を増やして、企業を成長させることができます。

　以上が、企業が得られるRPAによる主なメリットです。社会的に見れば、労働力不足への対策や残業削減、生産性向上への期待が大きいといえるかもしれません。

企業の収益性向上につながるRPA導入のメリット

▲人間に比べ、大量のデータを的確に判断できるため、業務の効率化が図れる。また、処理精度が高くなったことから、従来発生していたヒューマンエラーの抑止にもつながる。

▲RPAでは、24時間365日の稼働が可能だ。教育や人事評価といった、人間を雇う際に欠かせない業務がいっさい不要になる。

▲コンプライアンスを達成することは会社のブランディングにもつながる。そこから新たな収益が生まれる可能性もあるだろう。

009
サーバー型RPAと デスクトップ型RPA

長期的な活用を見据えた導入を

　RPAは、そのシステム形態から**「サーバー型RPA」**と**「デスクトップ型RPA」**の2つに分類されます。

　サーバー型RPAは、**ロボットがサーバー上で動作し、業務を横断して作業を自動化**してくれます。RPAの適用範囲が広がると、ロボットの数も自ずと増えていきますが、サーバー型RPAの場合は、すべてのロボットがサーバー上で動作するため、不審な動作やロボットが解決できないエラーが発生した場合には、すばやく検知して対応することが可能になります。また、サーバーで集中的に動作することで、大量のデータをすばやく処理することが可能なため、ROIも高くなります。

　デスクトップ型RPAは、**クライアントのパソコン内でのみ動作するため、自動化は各パソコンの作業に限定**されます。「端末1台」から導入ができ、初期投資も抑えられるため、小規模事業はもちろん、部門内で特定の業務のみにRPAを適用する際にも小回りが効きます。ただし、多くのロボットが稼働する大規模な導入や大量のデータを処理するような業務にはあまり向いていません。また、単独のパソコンで管理されるため、セキュリティ面で不安があることや、各ロボットが個人や部門単位での管理になってしまうなどのデメリットがあります。

　なお、サーバー型RPAとデスクトップ型RPAを連携した**ハイブリッド型RPA**もあります。互いの欠点を補完し、利便性を高めることができるのが特徴で、さらなる効果が期待できます。

サーバー型RPAとデスクトップ型RPAの違い

	サーバー型RPA	デスクトップ型RPA
動作場所	サーバー	クライアントのパソコン（個人や部署管理）
適用規模	比較的大規模	比較的小規模
対象範囲	サーバー内で一括管理	各パソコン内での作業に限定
主な管理体制	全社レベル	業務部門レベル
処理効率	高い（大量のデータを扱える）	低い（大量のデータ処理には向かない）
セキュリティ	高い	低い
コスト	デスクトップ型RPAに比べて初期費用が高い	サーバー型RPAに比べて初期費用が低い
導入時のメリット	大規模業務を見据えて展開しやすい	部署や個人レベルでの小規模導入がしやすい

▲サーバー型RPAとデスクトップ型RPAにはそれぞれメリットとデメリットがある。自社の事業や状況にマッチした形態を、中長期的な視点で選択する必要がある。

010

マクロとRPAツールの違いは？

自動化できる範囲が異なる

　RPAと同様に業務を自動化するツールにマクロ機能があります。企業内の複数のシステム間でデータやプロセスを統合するEAIや、同様にデータを抽出・変換・加工するETLなどもマクロ機能を持っていますが、ここでは、オフィスでよく耳にするExcelのマクロを例に、RPAとの違いを比較してみましょう。

　ExcelのマクロはExcelに備わっている自動化機能で、操作対象はあくまでExcelか、連携できるマイクロソフトのオフィスソフトウェアに限られます。それ以外のアプリケーション、たとえばWebブラウザなどの操作を自動化したり、企業の基幹システムを参照したりするような処理は自動化することができません。一方RPAツールが自動化できる操作の対象は、特定のシステムやアプリケーションに依存しません。**さまざまなアプリケーションソフトに対応し、アプリケーション間での連携も可能なため、システムを横断した広い範囲での操作を自動化**できます。これがマクロとRPAの最大の違いで、対応できる業務範囲が極めて広いことが特長です。

　自動化のための開発作業にも違いがあります。ExcelのマクロはVBAと呼ばれるプログラミング言語を利用します。自動記録というかんたんな方法もありますが、少し高度な処理を自動化するにはやはりVBAの習得が必要になります。RPAツールにはITに強くない一般的な社員でも使いこなせるように、わかりやすい開発ツールが用意されています。多くはプログラミングの知識が必要なく、迅速に自動化を実現することができるのです。

ExcelマクロとRPAツールの比較

Excel マクロ

ExcelやExcelと直接連携できる
オフィスソフトウェアだけしか
取り扱えない

Sub….
Range（"A2"）…..
Application……

VBAの習得が必要

Excelに標準で搭載

RPA ツール

さまざまなシステムと
連携した処理の自動化が可能

Ruby
JavaScript
Python
PHPなど

プログラミングの知識は不要

専用ツールを用意する必要がある

▲ ExcelマクロはあくまでExcelというソフトウェアでの操作のみを自動化し、RPAツールは「業務」を自動化する。

011

ルールベースと自己判断ベースの自動化の違い

ルーベースの「RPA」と自己判断ベースの「AI」

　RPAとAIは、しばしば同列で語られることがありますが、その判断基準に、自律的な判断が可能かどうかがあります。

　RPAのロボットは、一連の複数の作業を人間が行うのと同じ流れで正確に実行できますが、それは事前にルールに定められていることだけです。**ロボットは自ら「判断」することができないため、ルールに載っていないケースに遭遇すると処理を続けることができません**。いい換えると、ワークフローがもれなくルールに記述できる業務であれば、RPAに代替させることができます。

　一方AIは、人間の「判断」を代替することが開発の目的です。近年話題になっている機械学習やディープラーニングも、人間の思考や判断を技術的に再現しようという試みの1つです。たとえば、AIによる画像認識では、2枚の写真が同一人物かどうかを事前に与えられたルールで判断するのではなく、AIが自ら学習して判断します。5章で紹介するOCRでは、特化型画像AIを組み合わせることで文字を認識する精度を大幅に向上しています。AIの進化に伴いRPAはその適用範囲を広げつつあります。

　AIによって、より業務の自動化が進む期待はありますが、一方で予想外の判断をして、望まない結果を招く可能性もまだはらんでいます。その点、RPAはルールに載っていないことは絶対にしないため、企業ガバナンスにおいては信頼性が高いツールといえるでしょう。将来的にはAIと組み合わせることで、RPAの適用範囲を非定型業務まで広げようという動きが広まっています。

RPAとAIのそれぞれの得意分野と相乗効果

▲RPAとAIを組み合わせたソリューションは、すでにさまざまなパターンで盛んに実証実験が行われている。

012

業務の自動化　4つのレベル

「弱いRPA」から「強いCA」へ

　RPAは、適用できる業務領域の範囲や対象業務における判断の複雑さによって、4つのレベルに区分けすることができます。

　レベル1は「弱いRPA」と呼ばれ、単独のアプリケーションか、限られた一部のアプリケーションのみを対象に自動化します。処理できる業務の難易度は低く、領域も狭いため、極めて定型的な作業や単純な業務のみに適用されます。

　レベル2は、適用可能なアプリケーションやプログラミング言語などを拡張し、複雑な業務フローにも対応できるようにした形態で、「強いRPA」と呼ばれます。複数のアプリケーション間でのやり取りを1つの流れとして自動化することができ、複雑で細かな条件分岐などがあっても、分岐条件が明確に定義できる限り対応することができます。

　レベル3は「弱いCA／IPA」と呼ばれるものです。AIや認知技術を活用して業務プロセスを自動的に学習したり、手書き文字を認識したりすることで、業務自動化の範囲や精度を高めることができるようになります。

　レベル4は「強いCA／IPA」と呼ばれ、強力な汎用AIを用いたディープラーニングなどによって、さまざまな現象の特徴量を把握し、AIとRPAが人間と同レベルの判断を行いながら、業務を進めることができるようになるレベルです。

　現状のRPAはレベル2を実現してレベル3を目指しているといえる段階で、今後さらに進化していくことでしょう。

業務自動化レベルの考え方

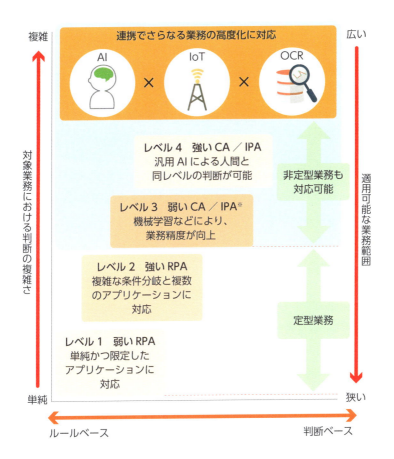

※CA（Cognitive Automation：コグニティブ・オートメーション）：AIやOCRなどと組み合わせることで、非定型業務も自動化する。
※IPA（Inteligent Process Automation：インテリジェント・プロセス・オートメーション）：AIを活用して業務の自動化を行う次世代のRPAを指す。

▲ホワイトカラーの業務自動化は、対象業務の複雑さやカバーする範囲の広さによって、4つのレベルに区分できる。

013

RPAで加速する「働き方改革」

RPAで何が変わるのか？

　世界でもっとも高齢化が進んでいる日本で、これから危惧されるのが「労働人口の減少」です。産業全体の活力を低下させるリスクがあり、不足した労働力は高齢者や外国人労働者の活躍だけでは充足できません。製造業やサービス業などのあらゆる産業における「生産性向上」の取り組みはこれまでも行われ、モノの生産現場における生産性は、さまざまな技術革新によって着実に向上していきました。しかし、サービス業や事務職などのホワイトカラーの生産性向上は立ち遅れているのが現状です。

　このような状況の中で、近年注目を集めているのが**「働き方改革」**です。ホワイトカラーが行う知的作業の生産性が向上しづらい要因の1つに、取り扱う情報の量が増加し、複雑化してきているという点が挙げられます。情報技術の発達に比例して、大量の情報ソースを用いて複雑な計算や処理、判断をすばやく行うことを日常的に求められるようになり、"いくらやっても仕事が終わらない"状況が続いています。

　このうち**「大量の情報を用いた複雑な計算や処理」は、今後はRPAに任せる**判断が必要です。人間はそれを用いた意思決定やプランニングなどの業務の上流部分のみに徹することで、生産性を抜本的に向上させることが期待できるのです。働き方改革については、法制度や企業のコンプライアンスといった社会的な要求が高まってきていますが、企業の生産性向上という切実な要求が、その実効性を高める切り札になるのかもしれません。

RPAによる働き方改革の例

▲RPAによる働き方改革で、人間がやらなければならないことに人材リソースを集中させることで、業務効率をアップさせ、業績改善などにつなげていくことができる。

Column

RPAは企業の救世主になるか？

　RPAはアメリカやヨーロッパで先行して普及していますが、日本でも需要が高まり、2018年に入ってからますます注目を浴びています。国内の多くの企業でRPA導入が検討され、続々と参入し始めています。

　帝人は、経理・財務部門、人事・総務部門の計17業務を対象にRPAを試験導入しています。労働時間の管理や会計システムなどの業務の一部を対象としており、年間で約3,000時間の削減を見込んでいます。今後はマテリアル事業やヘルスケア事業へと対象業務を全社規模に拡大する方針です。2019年にはRPAを本格導入し、2021年度までの3年間で約300の業務にRPAを導入する予定です。また、業務改革を推進する組織として「RPA推進班」を設置し、対象業務の洗い出しなどを進めています。

　電通では、2015年に新入社員が過労によって命を落としたことをきっかけに働き方改革が大きな問題となり、労働時間削減の取り組みとしてRPAが活用されています。従来月末に行っていた営業の受注登録を自動化するなど、約600の業務工程を自動化し、月間約16,000時間の削減に成功しています。日本取引グループは、傘下の東京証券取引所にRPAを導入しました。月間12時間ほどかかっていた業務を5分で終わらせるなどの成果を上げています。2019年3月末までに150の業務まで導入を広げる予定です。

　このように、RPAの導入によって実績を上げている企業はたくさんあります。労働人口が減少している日本において、働き方改革を推進する救世主となるかもしれません。

Chapter 2

定型業務をいますぐ自動化!
RPAの実践事例

014
RPAを導入しやすい業種や部門は？

RPAには向き・不向きの業務がある

　RPAの導入は、国内外ともに金融・保険業界を中心として進んでいきました。ダブルチェックや人間が介在せざるを得ない処理業務が多い金融や保険業界では、従来から契約の申し込みや変更などの諸手続きが煩雑で、処理に多くの人材や経営資源が費やされていることが課題でした。解決のため、それらをRPAで代替し、費やされている人材や経営資源を再配置することで、経営の健全化を図りました。

　とくに消費者向けのリテール部門においては、顧客1人1人に対応する必要があるために、同じような事務処理が大量に発生します。まさにRPA向きの業務といえるでしょう。嚆矢となった金融・保険業界でのノウハウを活かして、同種の申し込み関連の事務処理を始めとしたバックオフィス業務を中心に、RPAは適用範囲を広げていきました。

　基本的にはRPAに適している業務は、業務判断が単純かつ大量に発生するような業務です。対象がデジタルデータなどの正規化されたデータであれば、さらに容易に効果を上げることができます。反対に、**一つ一つの判断基準が異なり、曖昧な判断や高度な判断が必要な業務には適していません**。たとえば、売上数値をSFA（営業支援システム）から抽出してERPに入力したり、売上数値を集計して予測のレポートを作成したりといった業務はRPAへの代替が効果的ですが、物質的な操作が必要だったり、発生頻度が極端に低い処理などは、RPAには向かない業務といえるでしょう。

業務特性によるRPAの適正度合い

部門別対象業務例

部門	業務例
人事部門	給与計算、過重労働管理、福利厚生管理、年末調整手続き、マイナンバー申請処理など
総務部門	固定資産管理、電話回線固定費の管理業務など
経理部門	入出金業務、伝票整理・入力、精算、決済申請、会計監査など
会計部門	請求書発行、見積書発行、経費申請、決算書作成など
財務部門	資金管理調達、予算管理など
営業部門	メール受注業務、顧客管理、見積書作成、営業日報入力など
調達部門	在庫管理、受発注処理、仕入管理など

▲企業の部門ごとによって、RPAに適合している業務が異なる。これらの業務にRPAを導入することで、品質の向上だけでなく、効率化や高度化が実現可能だ。

RPAに適した処理

RPAに適した処理	RPAに向かない処理
一定の判断で業務が遂行できる	その都度個別の判断が必要
同じような業務が多量に発生する	同様の業務は少量しか発生しない
主に正規化されたデータを取り扱う	主に非正規データを取り扱う
物質的な操作が必要ない	物質的な操作が必要
さまざまなシステムなどからデータを収集する必要がある	1つのシステム内などで処理が完結する
毎日のようにくり返し発生する	ごくまれに発生する
処理した結果のデータの正確性や精度が求められる	処理した結果のデータの正確性や精度は求められない

▲RPAによる業務改革は、できるだけRPAに適した処理に適用していくことがポイントの1つだ。

015
業界別に見る!
RPAによる業務改革

さまざまな業界に広がるRPAの適用領域

　以前よりも広い業界で導入・活用されているRPAは、具体的にどの業界でどのように活用されているのでしょうか。

　先駆けとなった金融・保険業界では、各種の申込書類のデータ化や証票書類などのマッチングやデータチェックといった作業をRPAで自動化しています。申込書類の作業は膨大なため、**人的工数の削減**などの大きな成果を上げました。ほかにも、契約者からの保険金請求書の証券記号番号を読み取って、契約情報を管理するシステムなどから必要なデータを検索・参照・抽出してくる処理などに適用されています。

　小売業界では、取扱商品の情報をメーカーのWebサイトからRPAで自動抽出して自社のWebサイトやデータベースの情報を更新したり、ネット通販において顧客からの注文時の処理を自動化することで業務を効率化しています。また、サービス業界においては、手作業で行っていた勤務時間のデータ取得や勤怠管理システムへの登録といった一連の作業を自動化し、各自の**作業を大幅に簡略化**しました。医療・医薬業界でもRPAの活用が始まっており、医療関連書類や計算書類の電子化、画像診断結果の段階分けを自動化することで、**対応の迅速化や医療費削減を実現**しています。さらに、物流業界でもRPAの導入が進んでいます。業務中は、受発注や配送指示などの情報を、FAXや紙、メールなどのさまざまな形式で扱う必要がありますが、それらの情報をRPAを活用してデータベースに統合することで、物流作業の効率化に貢献しています。

各業界に広がるRPAの適用

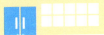

- 申込書類のデータ化
- 証票書類とのマッチング
- データのクローリング
↓
人的工数の削減

- 商品情報の自動更新
- 注文処理の自動化
↓
業務の効率化

- 受発注や配送指示などの情報をデータベースに統合
↓
作業の効率化

- 勤怠処理の自動化
↓
作業の簡略化

- 医療関連書類の電子化
- 画像診断結果の段階分け
↓
対応の迅速化や医療費削減

▲ 金融・保険業界で成果が上がったことによって、そのほかの業界でも導入が進んだ。

016

バックオフィス部門の適用業務は?

人事から経理などのバックオフィス部門で導入、営業にも

　人事部や経理部、総務部といったバックオフィス部門では、どのような業務にRPAが適用されているのでしょうか。

　人事労務部門では、日々の出退勤情報を取得し、労働時間を社員別に集計しています。あらかじめ労働時間にしきい値を設定しておき、法定外労働や過重労働のおそれがある社員に対してメールなどでアラートを送ることで、労務管理上のリスクと管理工数を低減することができます。

　RPAがもっとも適しているのは、経理部門かもしれません。交通費申請の際に、役職に応じた交通手段や移動区間価格の妥当性をWebサイトなどで確認する作業を自動化したり、売掛金回収確認のための売掛一覧の作成や入金消込、基幹システムへの反映などの一連の作業を自動化したりといった事例があります。

　営業部門においても、注文内容の確認から受注システムへの入力、納期確認、取引先への納期連絡までの作業を自動化するなど、バックオフィス的な業務に適用されています。アイテム別の販売数や売上金額をPOSなどのさまざまな情報ソースから収集し、販売レポートの作成を自動化するケースもあります。

　生産管理部門では、生産管理システムの在庫情報を定期的にチェックし、在庫数がしきい値以下の場合は、メールを使って仕入先に自動発注するといった処理をRPAに代替させることができます。

　このように、**RPAを適用することで、複数部門の業務の精度と効率の両面で効果を上げている**のです。

バックオフィスでの適用例

労務管理も効率化

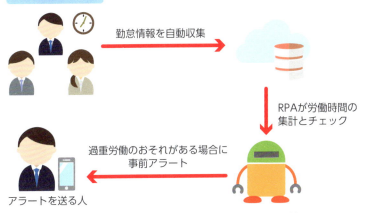

▲事前にしきい値を設定しておくことで、過重労働のおそれがある社員に対してアラートメールなどで忠告することができるようになる。

経理部門での導入は業務の精度を向上させる

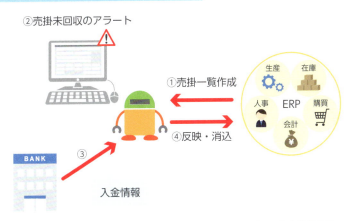

▲経理部門での業務は、RPAの導入がもっとも影響を与える分野といえる。入金情報のデータを収集して売掛一覧を作成し、入金の消込や基幹システムへの反映といった一連の作業を自動化できるようになる。

017

フロントオフィス部門の
適用業務は?

フロントオフィスの支援にもRPAが活躍

　フロントオフィス業務は顧客に近く、バックオフィス業務よりも**臨機応変な対処や複雑な判断が必要になるケースも多く、RPAの適用は比較的難しい**といわれています。RPAが直接顧客対応を行うにはまだまだ課題がありますが、その複雑な業務を支援する形で、フロントオフィス業務でもRPAの適用が進んでいます。

　フロントオフィス業務の代表的なものとして知られるコールセンターの受付業務では、オペレーターは複数のシステムや画面を見ながら対応しなければならないケースが多く、それによって対応のスピードや品質が悪化します。RPAによって必要な情報を1画面上に表示するように自動化すれば、必要な処理もその画面から同時に行えるようになるため、対応スピードが向上し、ミスの低減にもつながります。また、契約内容や注文内容に対する変更処理の場合は、状況によっては多くの画面上の情報を確認しながら修正していかなければなりません。そのような情報確認と修正処理の一連の業務を定型化し、RPAによって自動処理できるようにすれば、作業の大幅な効率化が見込めます。

　昨今では、**AIと組み合わせることでよりユーザーに近い位置でRPAを活用しようという試みも行われています**。たとえば、ユーザーがシステム上で何らかの検索を行った際に、AIが適切な検索方法を判断し、RPAがWebサイトや対象システムなどを検索します。RPAで対応できない場合は、オペレーターから回答させるのが現実的な実行手段といえるでしょう。

フロントオフィスでの適用例

顧客からの問い合わせ対応を効率化

▲必要な情報を1画面に表示させることで、処理を同時に行うことが可能になり、オペレーターの対応スピードを向上させるだけでなく、ミスの防止にもつながる。

検索精度やスピードなどを向上

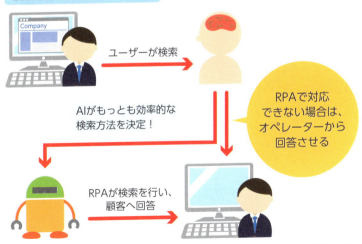

▲AIとRPAを組み合わせれば、顧客に近い業務を行えるようになるだけでなく、幅広い分野でRPAを適用することができるだろう。

018

入力作業を自動化し
ヒューマンエラーが0（ゼロ）に

Windowsパソコンの作業を自動化する「WinActor」

　ここからは個別のRPA製品を取り上げながら導入事例を紹介していきます。

　Windowsパソコン上でくり返し行われる入力作業を自動化することで、入力ミスなどのヒューマンエラーをなくし、処理効率の向上を実現できるRPAツールが「WinActor」（株式会社エヌ・ティ・ティ・データ）です。Windows上から操作できるあらゆるアプリケーションや自社システムなどとの連携が可能です。「自動記録機能」を搭載しており、プログラミング知識がなくても自動化のルールが作成でき、直感的な操作で編集できるフローチャート図としてルールが表示されます。また、国産RPAなので操作画面やマニュアル、サポートも日本語対応していることが特長で、800社を超える企業（トライアル契約を含む）で活用されています。

　ある会社では、受注担当オペレーターに代わって様式が異なる注文書を自動的に識別し、識別した帳票ごとに内容を正確に受注システムへ自動入力する作業に適用され、月間600件の処理を転記ミスなく行い、従来の作業工数の98％を削減しました。OCRソフトと組み合わせて、会社名や銀行口座などの請求書情報をデータ化し、WinActorが請求書データと買掛データをマッチングすることで、不備の確認や承認処理などの自動化を可能にした会社もあります。また、コールセンターでの顧客満足度向上のため、対応履歴データの集計・加工・登録作業を自動化し、毎日30分以上かかっていた作業工数をゼロにした例もあります。

ヒューマンエラーをゼロにする「WinActor」

オペレーターの作業量を大幅削減

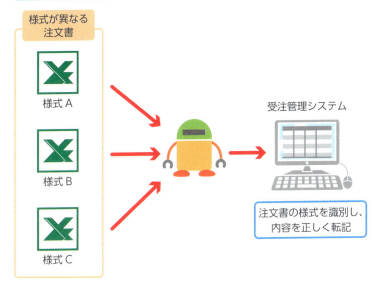

▲多様な形式の注文書でも識別して該当する受注システムへ自動入力してくれる。処理の転記ミスがなくなり、作業量が大幅に削減した。

OCRで適用業務を拡大

▲Windowsパソコンでの作業を自動化できるだけでなく、OCRなどとの組み合わせで、適用業務を拡張することができる。

019

手作業、データ統合、判断までを完全自動化

より広範囲の業務が自動化可能なパッケージ

　RPAは、定型的な作業や処理の自動化は得意ですが、**応用的な判断が苦手**です。そのため、より複雑な判断を伴う業務は自動化の対象から外れてしまうケースがあります。自動化を検討する対象業務の多くは、複数のシステムやアプリケーションから広くデータを収集し、連携する処理を含んでいます。一連の処理を自動化したくても、途中でロボットにできない判断が必要なために分断されてしまうと、RPAに期待する効果が半減してしまいかねません。

　この問題を解決するのが**「AEDAN（えいだん）自動化パック」**（株式会社アシスト）です。意思決定を自動化する推論型AI「Progress Corticon」を中心に、RPAツールの「ROBOWARE」、データ連携ツール「DataSpider Servista」を組み合わせた業務自動化パッケージです。推論型AIでは、ノンプログラミングで業務判断の自動化が可能なため、業務全体を容易に自動化することができます。

　たとえば、見積り業務にRPAツールを導入すれば、メール発注を受け付けたり、発注内容を契約管理や顧客管理などのシステムに入力したりすることは自動化できますが、見積りの対象となる商品の組み合わせや価格を確認するといった判断が必要な部分は人間が行う必要があります。しかし、AEDAN自動化パックを活用すれば、データの集約や加工だけでなく、作業前後の知的判断や処理を含む一連の業務を自動化できるようになります。AIとの連携で既存のRPAを適用できる領域を広げる取り組みといえます。

広範囲の業務を自動化できる「AEDAN自動化パック」

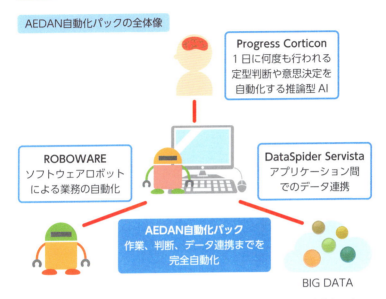

▲AEDAN自動化パックは、AIとソフトウェアロボット、データ連携ツールが連動することで、人間の作業を代替するのが特徴だ。

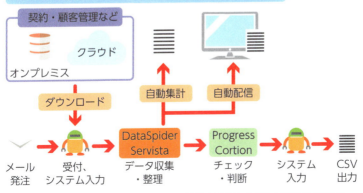

▲AEDAN自動化パックでは、これまで人間の判断が必要だった部分も自動化してくれる。

020
Webマーケでブラウザ操作を オートメンション化

ブラウザから操作するWebシステムなどが自動化可能に

　近年、Webシステムを利用する機会が増えてきました。社内基幹システムなどがWeb化され、取引先ともインターネットを介して受発注システムなどから取引することも一般的になってきています。そのほかにも、クラウド型やASP型のサービスを、ブラウザを使って利用するケースも多くなってきています。

　「Autoブラウザ名人」（ユーザックシステム株式会社）は、**ブラウザ上で実施しているさまざまな定型的なルーチンワークを自動化することができるツール**です。たとえば食品メーカーでは、毎日担当者が取引先ごとに別々のWebEDIシステム（インターネットを利用した企業間取引システム）にアクセスして受注ファイルをダウンロードし、その受注情報を自社の販売管理システムに手入力していましたが、Autoブラウザ名人によって、取引先ごとの受注処理の自動化を行った事例があります。

　また、インターネット専業銀行では、同行が発行するクレジットカードでの不正使用のモニタリングを行っています。デビッドカードなどの決済方法の多様化によって事務処理数が急増したため、行内システムおよび取引先のWebサイトの確認などを含むモニタリング業務の一部を自動化しました。

　タイヤの輸入販売会社では、自社インターネット通販サイトの在庫や価格情報の更新処理を自動化した事例があります。従来は社内基幹システムの情報を手作業で確認・更新していましたが、15分間隔で自動更新されるようになりました。

ブラウザ操作を自動化する「Autoブラウザ名人」

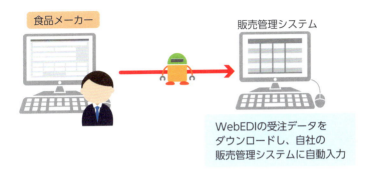

▲Autoブラウザ名人は、さまざまなメーカーや企業で適用されている。一連の作業を自動化することで、業務もスムーズに行えるだろう。

021
サーバ監視と復旧作業をロボットが代行

システム運用から障害対応まで自動化できる「パトロールロボコン」

　システム運用は、システム監視ツールなどを使ってシステムの監視を行い、異常や障害が発生した際に画面表示やメールなどでアラートを送ることで、担当者が判断して対応するのが一般的です。人間が対応する場合には、運用工数や判断スキル、人材教育、対応マニュアルやチェックシートなどのドキュメント類の整備の必要性、そして対応スピードなどの課題がありました。近年、システム運用を自動化するRBA（Run Book Automation）ツールが利用されるケースがありますが、RBAは既定のプログラムに従った処理しか対応できません。

　「パトロールロボコン」（株式会社コムスクエア）は、**運用監視や障害発生時の対応を自動化することができるRPAツール**です。たとえば、データセンターや監視ソフトなどからの障害通知をパトロールロボコンが受け、自動復旧が可能な事象は自動復旧を試み、できない場合はエンジニアに通知します。通知を受けたエンジニアは、指示に基づいて調査を代行します。一定時間以上エンジニアからの指示がない場合は、強制復旧を試みるといった段階的な対応も可能です。

　ある製造業のY社では、プロジェクトの異常発生時に実施していたアラートメールの確認から発生事象の記録、状況確認および事象・条件による対応、対応結果記録などの一連の処理を自動化した事例があります。月間で平均約50件の異常発生に月250分程度要していた対応時間が、導入後は月30分にまで短縮されました。

障害対応、システム運用が可能に

障害対応を自動化

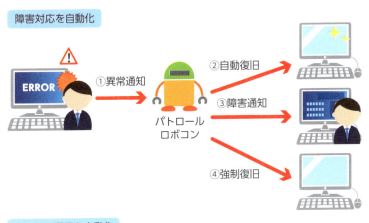

システム運用を自動化

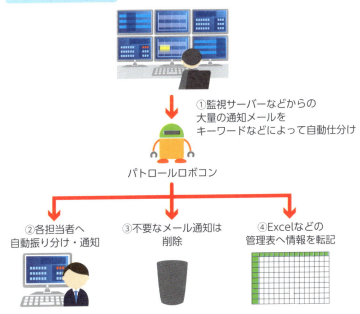

▲パトロールロボコンは、復旧や通知、調査などのさまざまなシステム運用業務を自動化してくれる。

022
来訪者対応もスムーズに！オフィスの受付業務

意外と手間がかかる来訪者対応

　さまざまなビジネスシーンの中で、会議や打ち合わせのためのアポイントや会議室の予約、当日の来訪者対応などの「人と会う」ための一連の作業は意外と手間がかかります。**「ACALL（アコール）」**（ACALL株式会社）は、アポイントや来訪者対応の自動化に特化したRPAです。

　G-SuiteやOffice 365のOutlookカレンダーと連携してアポイントを自動作成したり、招待メールやリマンドメールを送信したりすることでアポイント作業をアシストしてくれます。もっとも真価を発揮するのが、**実際の来訪者対応の自動化**です。来訪者には招待メールなどで事前にアポイントコードやQRコードが送られます。来訪者が会社の受付にあるタブレット端末などにそのコードを入力するかQRコードをかざすと、担当者に直接来訪の通知が届くしくみです。**来訪時に誰の手も介さないため、取り次ぎに発生する工数がなくなります。**来訪時の通知はメールを始めとし、ChatWork・Skype for Business・Facetimeといったサービス、SMS、電話による自動音声通知など、多彩な連携機能があるため、普段の業務で使用しているツールで通知を受け取ることが可能です。

　さらに、受付の端末から入館証や入館シールなどを印刷することができるため、用紙への記入や担当者の応対なしに来訪者は入館できます。人が行う業務と思われていた来訪者の応対を自動化することで業務時間を有効に活用できるため、大企業からスタートアップまでのさまざまな規模の会社や業種で活用されています。

受付から会議までを一元管理する「ACALL」

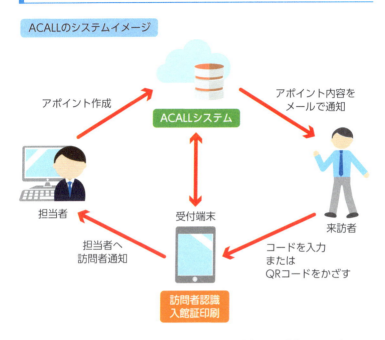

▲来訪者対応に特化したACALLだが、今後はこのような特定業務に特化したタイプのRPAも増えていくことが考えられる。

▲来訪の通知方法はさまざまだ。メールだけでなく、ChatWorkやSMS、音声通知といった多彩な連携機能がある。

023

帳票作成の時間を短縮し 空き時間はセールス活動に

社員を単純作業から開放し、より生産的な業務へシフト

　金融機関での代表的な業務の1つであるローン契約では、企業・個人から提出された財務諸表や年収情報などを固有のシートに展開する必要があります。このようなシート作成は、金融機関としてはなくてはならないものですが、作業自体は既定フォーマットに従って必要なデータをさまざまな情報ソースから収集し、展開をしていく煩雑な作業です。

　顧客数を100万人抱えるイタリア有数のS銀行では、そのような作業を手作業で行っていたために、多くのエントリーミスが発生し、チェックや修正などで多くの戻り工数が生じていました。くり返し作業のため、社員のモチベーションが低下するなどの課題もありました。その解決手段として、全自動型の**「ナイス・ロボティックオートメーション」**（NICE）を導入しました。財務関連文書の作成業務を自動化させることで、RPAが必要な情報を収集し、データ入力から必要書類の作成まで完了してくれます。導入したソフトウェアロボットは8台で、**導入によって入力ミスは実質0件**となり、戻り工数が発生しなくなりました。また、**1件当たりの作成時間は、従来の1時間から10分へと大幅に短縮**されています。さらに、社員が日々の作業から解放されたことによってモチベーションが上がり、従来の作業に費やされていた時間を顧客とのコミュニケーションに投じることができるようになったため、**アップセルの成功率も向上**しました。すべてソフトウェアロボットで実行するために、機密情報を漏らすリスクもなくなりました。

イタリアのS銀行における財務関連文書作成業務

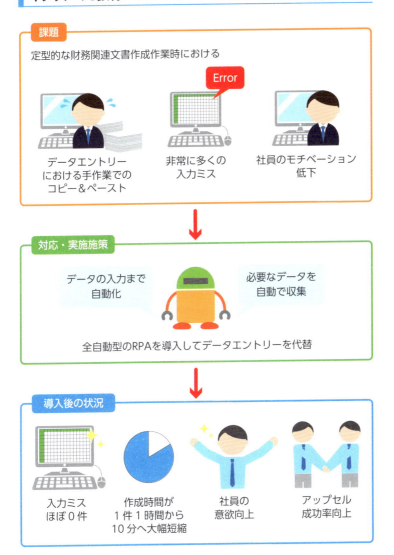

▲ 作業的な業務をRPAによって代替。顧客サービスや収益の向上に直結する業務に集中する方法は、RPAによる業務改革の基本だ。

024
伝票データの入力は「仮想社員」におまかせ

仮想社員「サ統さん」が業務の効率化に活躍

　島津製作所は、各種計測機器や分析機器、医療機器などを製造・販売する企業です。その中で医療用機器を手がける「サービス統括部」では、取り扱い機器の部品保証サービスに必要な伝票処理が年間4,800件ほど発生します。従来は社員1名を専任で割り当て、システムへ入力していましたが、担当社員の負荷が高く、入力ミスも少なくありませんでした。

　そこで同社ではRPAを導入し、データ入力作業をロボットに任せることで、書類の作成業務などの効率化を実現しています。ロボットは**「バーチャル（仮想）社員」**として扱われ、サービス統括部に所属することから、「サ統はじめ」と命名されました。通常の社員と同様にIDやパスワードが付与され、社員に変わって伝票データの入力に携わっています。

　担当部署から伝票がサ統さんのメールアドレス宛に送付されてくると、サ統さんは付与されたIDとパスワードでシステムにログインし、逐次データを入力します。人手で書類を作成した場合と比較すると、**1件当たりの作業時間は18分から2分へと約9割の削減に成功し、担当社員の負担を大幅に軽減**することにつながっています。

　サ統さんのキャラクターイラストなども用意され、社内での認知が図られています。RPAの導入内容やその効果をわかりやすい方法で周知し、展開を図っていくのも効果的だといえるでしょう。RPA導入を成功させるには、ロボットも業務を担う一員だと社内に認識させるのです。

仮想社員「サ統さん」 担当業務と導入前後の状況

サ統さん、稼働前

- 専任対応
- 年間 4,800 件の伝票処理
- 負荷が高く入力ミスも

サ統さん、稼働後

| 電子メールで担当部署から伝票が送付される | → | あらかじめ割り当てられたIDとパスワードでログイン | → | 伝票データを入力 |

サ統はじめ

- 1件の処理時間を18分から2分にまで短縮
- 年間 1,300 時間の効率化を実現
- 担当社員の負担を大幅軽減

▲仮想社員という立場の強調やネーミングによって導入時の障壁を低め、早期展開を可能にした事例。社内反発がある場合や啓蒙が難しい場合にはより有効だ。

025
処理スピードが100倍に！解約手続き業務を自動化

煩雑な後処理をまとめて実行

　コールセンターなどのフロントオフィスにおいては、契約内容変更などの顧客リクエストを受け付けた場合、後処理の事務作業が発生します。**後処理作業の効率化は、顧客サービス向上やコスト抑制などの面から大きなテーマとされています。**

　代表的なものが「サービスの解約」です。大手のある通信事業者では、そのような解約処理を電話で受け付けた場合、オペレーターが解約申込書を発行して事務センターで処理していました。事務センターでは、顧客情報システムから必要な情報を確認し、契約システムから解約時に発生する違約金などを算出して、その結果を勘定系システムを通じて請求システムに反映するという一連の処理を手作業で行い、メールシステムを使って違約金などを含む最終請求の案内を顧客にしていました。

　そこでRPAを適用し、解約申し込みに伴う一連の処理プロセスを自動化しました。契約システムを、顧客情報・契約情報・勘定系システムの各システムに自動照会し、最終的な顧客への通知メールの作成も自動化しました。これによって、**従来1件に2分20秒かかっていた処理スピードは、従来の100倍にあたる1件3秒にまで短縮**しました。通信サービスの多様化に伴って解約処理が煩雑になり、スタッフの負担も増していましたが、処理滞留が消滅し、残業も激減しました。処理ミスも限りなくゼロに近付いています。さらに、処理時間の短縮によって、顧客を待たせる時間がほぼなくなり、顧客へのサービスレベル向上にもつながっています。

導入前後の業務フロー

RPA導入前

オペレーター

手続き受付システム　解約申込書　顧客情報システム　契約システム　勘定系システム　メールシステム　顧客へSMS送信

請求システム

RPA導入後

オペレーター

あらかじめ定められた手順に従って、ソフトウェアロボットが自動処理

手続き受付システム　解約申込書　顧客情報システム　契約システム　勘定系システム　メールシステム　顧客へSMS送信

請求システム

処理時間が1件2分20秒から、1件3秒まで短縮！

▲コールセンターのサービスレベル向上は限界にまできているといわれるが、RPAを導入することでブレイクスルーできる。

026

ヘルプデスクでの問診で作業効率が大幅に向上

難易度の高いヘルプデスクではオペレーター支援がポイント

　機器故障やネットワークの不具合などの技術系のヘルプデスク業務は、コールセンターの中でももっとも高度なスキルが必要とされています。対象となる多くの自社製品の仕様や特徴を理解する必要があるだけでなく、電話のみでトラブル状況などを的確に聞き出して把握する高度な対人能力も重要です。

　ある大手の通信機器メーカーのヘルプデスクでは、受付時や状況把握のために問診票を作成しながら関連情報を検索し、確認しながら原因の切り分け作業を行ってきました。しかし、必要な情報が図のような複数の業務システムに分かれて格納されているために、各々に接続して情報を取得しなければならず、その分対応時間が延びていました。また、対応完了後にいくつものシステムに対応内容を登録する必要があったため、後処理時間が長いのも課題となっていました。

　これらの課題を解決するために、RPAを適用し、個々に検索・照会していた情報をソフトウェアロボットが各システムから自動的に取得して画面上に一括してポップアップ表示するようにしました。オペレーターは表示された情報に基づいて問診を行えるため、情報の確認作業時間が不要になり、スムーズな問診が可能になりました。これにより、**顧客対応・問題解決時間が大幅に短縮し、顧客満足の度向上につながっています**。さらに、問診結果をもとに応対記録が自動要約され、ワンクリックで各システムへ登録されるようになったため、後処理時間がほぼゼロになりました。

ヘルプデスクでのRPA適用例

RPA導入前

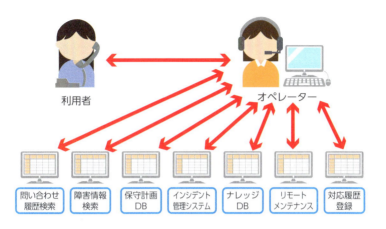

RPA導入後

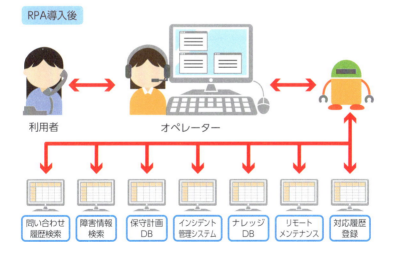

▲難易度の高いヘルプデスクなどでは、オペレーター支援を厚くすることで、離職抑制や人材確保にもつながる。

027

総務省が導入！ RPAで無線局申請関連業務の効率化に挑む

無線局申請関連業務における課題

　これまで国の機関でRPAの導入事例はありませんでしたが、**総務省が導入を決定**しました。同省では、公共の電波の公平かつ能率的な利用を確保するために、無線局の監理を行っています。無線を利用するには一部の例外を除き免許が必要で、年間100万局にもおよぶ申請などに対応する業務が発生しています。当該業務の中核として総合無線局監理システム（PARTNER）が1996年から稼働しており、全国11の地方局から約1,500人の同省職員がアクセスして業務を行っています。

　一方、**各府省の地方機関における職員の年齢層が年々高まっており、多くのベテラン職員の退職時期が迫っていることから、若手職員に対するスキルの継承が今後ますます必要**になってきます。また、同省職員には、情報通信技術の進展に伴って必要となる新たな知識の習得が求められるなど、さらに負担が増えることも予想されます。

　このような課題に対し、同省ではシステム側で何らかの支援ができないか検討しましたが、大規模システムであるPARTNERの改修には相当なコストと時間が必要となることから、費用対効果が高く、短期間で効果が現れるRPAの導入に踏み切りました。RPAを適用することにより、**これまで操作に手間のかかっていた処理や情報確認などを効率化することができ、審査業務を補助するような活用も期待されています**。具体的な対象業務は現場職員の意見を聞いたうえで選定されますが、まずは100ユーザーの試験導入として、2019年1月開始が予定されています。

総合無線局監理システム（PARTNER）の概念図

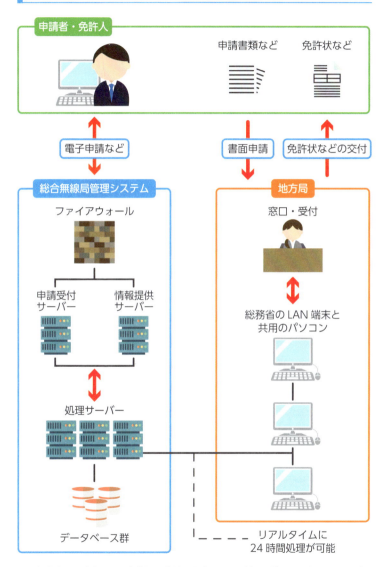

▲対象業務は選定中だが、全体管理機能にすぐれたRPA製品を使って、主にアシスト型ロボットを活用し、将来的には対象ユーザーや対象業務を拡大していく方針。

028

後処理時間を82％削減！
コンタクトセンターの効率化

コンタクトセンターを裏から支えるRPA

　コンタクトセンターは、電話応対業務（コールセンター）に加えて、電子メールやFAXなどの複数の媒体を使って顧客の対応を行う部門です。処理の生産性向上と対応品質のレベル向上が大きなテーマとなっています。

　7,000人のオペレーターを抱え、ファイナンス関連の受付を行うA社のコンタクトセンターでは、顧客からのリクエスト内容に沿ったドキュメントを作成し、関連する部署へ送付する後処理作業が必要でした。しかし、その後処理作業に多くの時間を要し、コンタクトセンター全体の目標サービスレベルを維持するのが困難な状況が続いていたため、RPAによる自動化の取り組みに着手しました。顧客との通話中にアクセスするCRMシステム画面をトリガーにしてソフトウェアロボットを起動し、顧客IDなどをキーに、該当するCRMシステムやほかのデータベースなどから必要な情報を収集します。連絡用フォームにデータをセットするところまでをソフトウェアロボットが代替し、オペレーターは最後に内容を確認して、送信ボタンを押すだけで処理が完了します。

　RPAの適用によって、**後処理時間を82％削減し、コンタクトセンターのサービスの指標となるサービスレベル（一定の呼出時間内にオペレーターにつながる割合）を100％維持**できるようになりました。また、オペレーターが通話中に情報収集したり入力したりする必要がなくなったため、**顧客との対話に集中**できるようになりました。

A社コンタクトセンターの後処理業務の改善

後処理作業に時間を要し、サービスレベル維持が困難

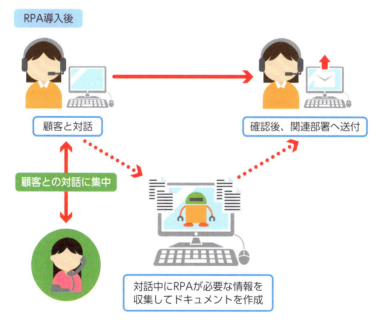

後処理時間を 82％削減、サービスレベル 100％を継続的に達成！

▲今後はフロントオフィス業務でのRPA導入が進むと予測される。オペレーターの「作業」を手助けするソフトウェアロボットは、その典型的な適用例だ。

029
配送業者の手配を自動化 年間5,000時間を削減

大量の配送手配作業をワールドワイドで担う

　大手家具メーカーのX社では、IVR（自動音声応答）によって顧客からの配送日時指定を受け付けています。顧客がIVRで配送希望日時を入力したあとは、国別・地域別に配送業者を特定し、各配送業者に配送の予約を行います。予約完了後は実際の配送予定を顧客に伝えます。従来はこの一連の業務をすべて手作業で行っていました。もちろん顧客の配送希望日時どおりに手配できないケースも発生するため、顧客確認などのイレギュラーな対応も必要になります。

　同メーカーでは、このような顧客からの配送日時指定の対応をRPAによって全自動化しました。まず、IVRが顧客が希望した配送スケジュールデータを生成します。それがソフトウェアロボットに渡り、ロボットは入力されている郵便番号から配送業者を特定します。該当する配送業者のアプリケーションを起動して予約画面に移動し、配送スケジュールデータに従って配送予約を申請します。配送予約完了後は、顧客にSMSで配送予定日時が通知されるしくみです。

　配送日時指定不備の場合は、顧客への確認が必要になります。そこで、**タスクを自動実行するタイプの全自動型ロボットと、人が行う作業を手助けするアシスト型ロボットをうまく組み合わせて効率化を図っています**。IVRで作成されたスケジュールデータがロボットに渡り、アシストロボットによって顧客の電話番号などを画面にポップアップ表示させ、それを参照してオペレーターが顧客に電話確認をします。年間約20万件発生していた処理は、**5,000時間の工数削減を実現**しました。

RPA適用範囲と導入前後の状況

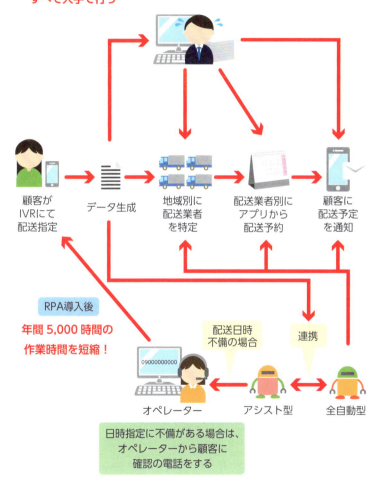

▲一連の作業をそのまま自動化する全自動型ロボットと、人間の作業をサポートするアシスト型ロボットによるコンビネーションによって、業務の効率化が図れる好例だ。

030

自治体でも増加するRPA導入事例

煩雑な自治体の業務で最大83%の業務効率化を実現

　自治体における事務作業は市民サービスや税収、健康保険など、多岐にわたり、その量も膨大です。その中には定型的で単純な作業も多く含まれています。従来は、とくに繁忙期においては、職員の時間外労働などによってそれらの作業に対応していましたが、昨今のワークライフバランスや働き方改革の考え方の浸透・促進、業務精度向上による市民サービス向上などの課題が浮上してきたため、対応が難しくなっています。

　茨城県つくば市では、自治体では初となるRPAによる働き方改革に取り組んでいます。同市では、民間のNTTデータやクニエ、日本電子計算とともに「定型的で膨大な業務プロセスの自動化」の共同研究を実施し、RPA活用による**「作業時間の短縮（効率化）」と「ミスの少ない正確で的確な処理」の効果検証を実施**しました。対象業務は、市民税課の事業所の新規登録や回送先情報の登録業務、また納税通知書・更生決議書などの印刷や、電子申告印刷・審査などでした。さらに、市民窓口課の業務における異動届受理通知も対象としました。

　検証の結果、市民税課では3カ月で約116時間、年換算で約330時間の工数削減となり、全体工数の約424時間のうち、79.2％が削減見込みとなりました。市民窓口課では、全体工数の85時間のうち、83.5％に当たる71時間が削減見込みとなっています。同市では、市議会での審議などを経て、ほかの課などを含むRPAの本格導入を目指しています。

つくば市の市民税課での新規事業所登録業務の流れ

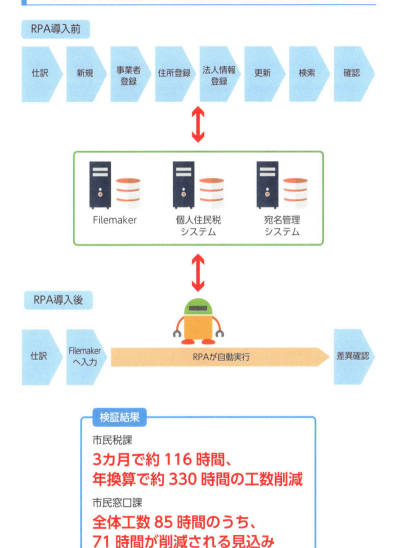

▲自治体や省庁の業務は、煩雑だが一定のルールに則った処理が多い。まさにRPA適用にうってつけの業務だといえる。

031

中小企業や大企業の一部門が選ぶ
クラウド型RPA

RPAにもクラウド化の波が到来

　RPAに業務効率化や処理精度向上などの効果があることを理解していても、業務コンサルティングなどを含めた初期導入コストや、サーバー・保守費用などの運用コスト、構築・運用・管理を行う人材不足などの理由から、RPA導入に踏み切れない企業も多いかもしれません。とくに、企業リソースがそれほど潤沢ではない中小企業においては、より顕著になる傾向があります。

　従来は社内サーバーにRPAツールをインストールする**「オンプレミス型」システム**が採用されてきましたが、上記のような業務のシステム化の際に発生する課題を解決する手段の1つとして、昨今急速に普及しているシステム形態が**「クラウド型」システム**です。クラウド型は自社サーバーなどが不要で、クラウド上にあるシステムをインターネットなどを経由し、ユーザーが必要な機能を必要な分だけ利用できるようにしたSaaS（Software as a Service）方式などによって利用する方法です。初期および運用コストが低く、構築・管理はシステム提供会社が行うため、自社で運用・管理するリソースを用意する必要はありません。

　RPAツールにおいても、より導入しやすい方法としてクラウド型が注目されつつあります。交通費申請の処理や確認、営業リストの作成、顧客への報告書作成など、すでにさまざまな業務においてクラウド型RPAが活用されています。**コストや運用面の負荷低減に加えて、Web上の情報やほかのクラウド型システムとの連携がスムーズ**なところも、クラウド型RPAの強みです。

従来のオンプレミス型RPAとクラウド型RPAの違い

オンプレミス型RPA

メリット
- 柔軟な社内システム連携
- 独自カスタマイズが可能
- 独自セキュリティポリシーの設定が可能

デメリット
- 高コスト
- 運用、管理スキル、リソースが必要

社内のサーバーなどにRPAツールをインストールして利用

クラウド型RPA

メリット
- 低コスト
- 迅速なローンチ
- 運用、管理スキル、リソースが最小限で OK

デメリット
- カスタマイズに制約がある
- 社内システムとの複雑な連携には制約がある

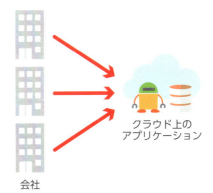

インターネットや専用回線を通じてクラウド上のRPAツールを利用

▲オンプレミス型RPAとクラウド型RPAのメリット・デメリットをしっかりと理解したうえで、自社の課題や状況にマッチした形態を選択するとよい。

Column
RPAロボットへの仕事依頼が可能に

　クラウドソーシング大手のクラウドワークス社は、2017年11月、「デジタルレイバー」による情報収集・加工・集計などの定型業務を提供することを発表しました。クラウドソーシングとは、周辺業務を外注したい企業と、それを請負いたいフリーランスを仲介するしくみです。現在は主にエンジニア・デザイナー・翻訳家などの専門業務や、データ入力・チェックなどの労働集約型業務の仲介が行われています。

　情報収集・加工・集計の業務は、企業の経営計画・事業計画の立案のために不可欠であるものの、分析以前である単純作業は、コア業務に比べて人間や時間のリソースを割きたくない部分です。そこをクラウドワークス社を通じてRPAに外注することができるようになるのです。

　クラウドワークス社では、RPAテクノロジーズ社との提携でこのしくみを実現し、今後は企業のニーズに応じて、ソフトウェアロボットとワーカーを組み合わせたトータルソリューションも提供していく予定です。人間だけでなくデジタルレイバーも外注先の選択肢になったのです。

▲単純作業などはデジタルレイバーへの発注が中心となる。

Chapter 3

開発から運用まで全解剖!
RPAのしくみ

032
RPAの導入に必要な モノやコトは?

RPAには特別な環境がなくても実現可能なツールがある

　RPAの導入を考えたとき、真っ先に思いつくのは**「RPAツール」**と呼ばれるソフトウェアかもしれません。さらに、RPAツールを実行する機器、管理する人員や組織が必要と考えるでしょう。しかし、大規模な設備や人員、組織は必要としないのがRPAのメリットです。小規模なものであれば、既存のIT環境をそのまま利用するだけで実現可能なツールもあります。

　たとえば、Kofax製の「Kofax Kapow」では、本体をインストールするための「サーバー」と、ロボットを実行する「クライアントパソコン」しか必要ありません。両者ともに既存のものがあれば利用できます。サーバーも不要でデスクトップ環境で利用できる、さらに小規模なRPAツールもあります。人員に関しても、RPAのために新たに専任者を置く必要はありません。ただし、**不具合による業務停止や不正使用による情報漏えいなどのさまざまなリスクに対応するためにも、管理者は明確にしておきましょう**。また、管理ツールの有無を確認してRPAツールを選びましょう。

　RPAの導入には、どの業務のどの部分を改善したいのかなど、事前に導入目的を明確化しておくことが大切です。どの作業に時間がかかっているのか、何を自動化すれば時間を短縮できるのかを把握しておくことで、作業効率が向上していきます。また、作業のフローチャートを書き出して内容を可視化しておくと、さらにロボットのルールを作成しやすくなります。事前に人間の行っていた業務手順を文書化しておくことがRPA導入のコツといえます。

RPAはコストを抑えた導入が可能

RPAに必要な設備

大規模サーバー

RPAツールをインストールするだけで利用ができる!

多くの開発者や作業員

▲大規模なサーバーや新しい作業員を確保しなくとも、RPAを導入できるものもある。

RPAの導入ではビジョンを明確に

どの業務にRPAを適用するべきだろう…

RPAを導入してどのような効果を得たいのか…

導入目的を明確に!

RPA導入前の戦略策定に時間と人員がかかる

- 生産性を向上させたい!
- 業務を効率化したい!
- ヒューマンエラーをなくしたい!

▲導入前のビジョンの策定には時間と人員がかかる。導入目的は明確にし、現場が使いやすい環境を作り出すことが大切だ。

033
RPAに必要な3つの機能 —①設定・開発

業務の自動化を設定・開発する機能

　RPAツールの機能は大きく**「設定・開発」「実行・運用」「管理・調整」**の3つに分類することができます。

　人間の行っていた操作を代替するロボットを作るのが「設定・開発」の機能です。まずRPAが接続するアプリケーションの構造を理解させます。そしてRPAツールが備える開発機能を使って、ロボットを動かすための詳細なルールを作る作業を行います。

　RPAの開発機能を使うにはプログラミングの知識は必要ありませんが、対象業務の作業フローを正確に把握しておく必要があります。自動化する業務の業務要件を確認し、**「どのような条件のときに」「どういった手順で」「何を実行するのか」を可視化**して、その通りにロボットが動くようにルールを作成していきます。RPA上でユーザーが行うルール作成の作業をサポートするのが、後述する「ルールエンジン」や「ワークフロー」の技術です。

　ルール作成の前提として、操作する対象の業務アプリケーションの構造をRPAツール側で解析・認識しなければなりません。メニューの構造や階層はどうなっているのか、ダイアログ画面にどういう表示やボタン、設定項目があるのかを理解して、対象アプリを操作できるようにするためです。これが「設定」の作業です。そのためにRPAツールは後述の「構造解析技術」や「画像解析技術」を備えています。

　「設定・開発」の段階で用いられるこれらの技術はRPAツールの要といえ、ユーザーが望むロボットを開発できるかを左右します。

RPAの基礎となる「設定・開発」

RPAの流れ

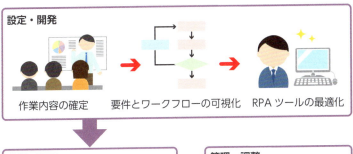

▲RPAの機能は、「設定・開発」「実行・運用」「管理・調整」の3つに分類される。中でも「設定・開発」はRPAツールの効果を左右する重要な要素で、運用にも大きな影響を与える。

「開発」には作業ルールを決めておく必要がある

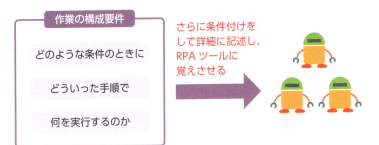

▲RPAの多くはプログラミングの知識が不要だ。ただし、自動化する作業ルールをあらかじめ決めておく必要がある。作業全体のワークフローを作っておくことが大切だ。

034
RPAに必要な3つの機能
－②実行・運用

業務の種類や内容に応じたロボットの実行が可能

　「実行・運用」はRPAを実際に運用する部分です。RPAでは、カレンダーやスケジューラに従って自動的に作業を実行して、初めて成果が得られます。

　処理を実行するスケジュール（毎日・月末・一定のデータ量が蓄積されたとき）や時間（昼・夜）といった、**RPAを動かすタイミングはどのような処理をさせるかによって個別に異なります**。たとえば、Web上の発注データの形式を整えてExcelで保存するといった処理であれば、発注ごとに随時実行するべきでしょう。人事が勤怠のデータを処理するのであれば、月に一度、夜間に行えばよいでしょう。「このファイルが作成されたら」や「この画面が表示されたら」など、**特定の条件をもとに動作することができるかどうか**もポイントです。そのほかにも、人間が実行指示を出すことで、実行のタイミングを制御したい場合もあります。たとえば、Aさんがデータ入力を行ったらRPAを起動してデータを照合し、Bさんが完了を確認して処理を終了する場合などです。

　運用においては、RPAの実行環境にも気を配ることが大切です。ロボットを安定して動作させるのに望ましいマシンスペックや通信環境、操作対象の業務アプリケーションのバージョン、干渉するおそれのある要因（ウイルスソフトなど）などを確認し、環境を整えるのです。パフォーマンスを発揮するには、人間と同じようにロボットにとっても働く環境は大切です。**RPAツールの要求する実行環境を継続して用意できること**も導入を成功させるために重要です。

自社に合った実行環境を構築

実行のタイミングは千差万別

実行タイミングはいつ？

条件をもとに動作できる？

月に何回動作させる？

RPAの実行はタイミングや動作範囲がさまざま

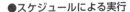
実行のタイミングの例

●スケジュールによる実行

勤怠データの処理などは・・・

月に一度、夜間に行う程度でよい

●特定の条件による実行

この画面が表示されたら・・・

このファイルが作成されたら・・・

特定の条件をもとに実行させる

●人間による実行

Aさんがデータを入力する　　Aさんが RPAを起動してデータの照合作業を行う　　Bさんが完了を確認して処理を終了する

▲RPAを動かすタイミングはさまざまだ。実行のタイミングはいつなのか、月に何回動作させるのかなど、処理内容を踏まえたうえで決めるとよい。

035
RPAに必要な3つの機能
ー③管理・調整

ロボットの行動と結果をしっかり把握する

　実際にRPAを導入して自動化した業務が増えてくると、それらを管理・調整をしなければなりません。実際に動かしてみると、当初予想もしなかった問題が必ず1つや2つは出てくるものです。もちろん、テスト運用で問題をすべて発見できればよいですが、実際の運用で問題が発生したときに、トラブルに適切に対処するしくみが重要になります。「作業が正常に終了しているのか」「エラーが出たときに管理者にアラートが来るか」「想定外の条件で結果が間違っていないか」などです。

　残念ながら管理ツールを備えてないRPAツールも多くあるため、**導入の際にしっかりした管理ツールがあるか確かめましょう。**RPAで自動化する業務は止めてはいけない業務です。管理者が扱いやすい管理ツールを備えているかもRPAツールの大切なポイントです。安全面を考えてユーザーごとに管理範囲を限定できる機能もあるとよいでしょう。

　トータルマネジメントとしての管理ツールは必須ですし、現場管理としても重要です。業務が自動化されればされるほど、人間が処理するノウハウや知見が失われ、業務がブラックボックス化してしまうおそれがあります。それを避けるためには、RPAを管理する人間が実行されている**タスクの内容を把握し、状況によってはそれを修正しなければなりません**。RPAツールの管理方法には、処理結果やエラーをメールでアラート通知したり、ログをテキストで出力させたり、専用の監視画面を準備させたりとさまざまです。

RPAの運用には「管理・調整」が不可欠

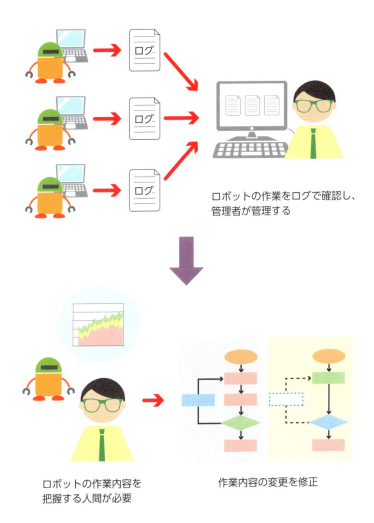

▲ロボットが行っている業務のログを管理者が確認することで、タスクの内容を把握したり、修正が発生した場合に修正したりすることが可能になり、業務のブラックボックス化を防ぐことができる。

036

RPAを実現する構成技術

RPAはさまざまな要素で構成されている

　RPAツールは複合的な技術の集まりで、コンピュータや周辺機器を制御することで、人間の仕事を代行するロボットを実現してくれます。

　RPAツールを構成する要素としてまず挙げられるのが**「構造解析」**や**「画像解析」**です。構造解析は、操作するアプリケーションの構造を解析して、操作対象を識別します。しかし、アプリケーションによっては構造解析が使えない場合もあります。それを補完する役割を果たすのが画像解析です。画像から判断して操作対象を識別する、人間でたとえるならば「目」に該当する技術といえます。

　ロボット開発で用いられる機能は、**「ルールエンジン」**や**「ワークフロー」**です。ルールエンジンは、ロボットの動きを制御するルールを生成するための技術です。人間が決められた手順に沿って業務を行うのと同様に、ロボットに行わせる処理のルールをプログラム言語を使わずに作成することができます。ワークフローは、ルールエンジンで実現するルール生成をさらにわかりやすく視覚化したユーザーインターフェースで実現できる技術のことです。

　人間がマウス・キーボードを操作する代わりに自動化対象のアプリケーションの操作を可能にする技術が**「API」**と**「ライブラリ」**です。RPAツールは、操作対象のアプリケーションが備えるAPIを利用して操作を実行します。RPAツールによっては定型操作をかんたんに実現できるように、アプリケーションごとのAPIライブラリが用意されています。

RPAを実現する要素技術

構造解析
操作するアプリケーションを特定し、その構造を解析することで、操作対象を識別する技術

画像解析
構造解析ができない場合に、モニタ画面をスキャンした画像の特徴をもとにして操作対象を識別する技術

ルールエンジン
ユーザーがプログラミングの知識を必要とせずにロボットを制御する処理のルールを生成することができる技術

ワークフロー
ルールエンジンと同様にロボットのルールを生成するが、人間がわかりやすい視覚化したインターフェースで実現する技術

API
あるソフトウェアを外部のソフトウェアから操作することを可能にするインターフェース

ライブラリ
アプリケーションを制御するために用意された、定型的な操作をかんたんに実現する命令の集まり

▲RPAはさまざまな技術で構成されている。これらの機能がRPAツールに実装されているかどうかを把握し、適切に使いこなしていくことが大切だ。

037

対象アプリを解析する「構造解析」

構造解析技術はRPAの要

　RPAツールは人間と同様に、操作対象としている複数のアプリケーションの画面がどのような要素で構成されているのかを解析したうえで、それぞれのアプリケーションのユーザーインターフェース（UI）に対応し、ルールに従って操作します。この技術は**「構造解析技術」**と呼ばれ、RPAツールのもっとも基礎となる部分に該当します。

　構造解析の対象は、画面に表示されるUIだけではありません。たとえば、WebアプリケーションならHTML／CSSの構成を解析して、そこから必要なデータのみを抽出し、操作対象にすることも可能です。Windowsの場合はアプリケーションのUIを解析するためのAPIが用意されており、RPAツールはこのAPIを通じてアプリケーションがどのようなUIを持っていて、どんな操作対象があるのかということを認識します。

　構造解析が利用できる場合は画面表示に依存しないため、**複数のアプリケーションが起動していたり、対象アプリケーションが最小化されていたりする場合でも正しく認識して操作できる**のが特徴です。ただし、構造解析ができないアプリケーションもあり、その対応はRPAツールによって異なります。

　別のマシンで動いているアプリケーションをリモートで操作する場合、リモートのマシンにもRPAツールがインストールされていれば連携できますが、それができないツールでは、次節で紹介する「画像解析技術」を併用することがあります。

構造解析はアプリケーション操作の基本

構造解析技術で対象を特定した操作ができる

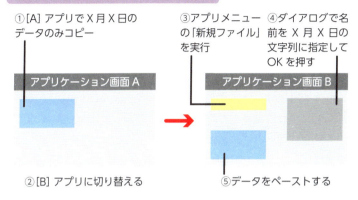

① [A] アプリでX月X日のデータのみコピー
② [B] アプリに切り替える
③ アプリメニューの「新規ファイル」を実行
④ ダイアログで名前をX月X日の文字列に指定してOKを押す
⑤ データをペーストする

アプリケーションの構造から操作対象を認識・操作できる

ロボットなら人間ができない操作も可能

▲RPAの構造解析技術は、操作対象のアプリケーションの構造を解析して操作することが可能だ。UIで操れない部分もロボットでは操作対象になる。

構造解析技術に用いられる実行方法

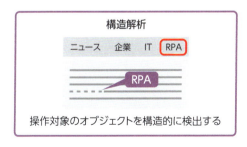

構造解析
ニュース　企業　IT　RPA
RPA
操作対象のオブジェクトを構造的に検出する

▲構造解析は画面状態に依存しないため、複数のアプリケーションが起動していても正しく操作できる。よって、多くのアプリケーションの構造解析に対応したRPAツールは有利になる。

038

操作対象を特定する「画像解析」

画面を読み取ることで人間に近い操作が可能に

　構造解析が使えない場合でも操作対象を識別できる技術に**「画像解析技術」**があります。人間が目で見て画面上の操作対象を判断するのと同じく、ロボットが画像を解析して操作対象を見分けます。

　画像解析技術では、**モニタ上にある情報をスキャンして読み取り、その特徴をもとに操作対象を特定**します。人間が目で見て操作対象を認識するのと同じなので、対象がわかりやすくルール作成も直感的にできるのがメリットです。また、構造解析が利用できない環境でもロボットを実行できる点ですぐれています。

　一方のデメリットは、画面の状態によって対象を正確に認識できない可能性があることです。たとえば、複数のアプリケーションを起動していて複数のウィンドウが画面上にある場合や、OSからダイアログなどの意図しないウィンドウが表示されて対象が覆い隠された場合などです。対象アプリケーションのウィンドウが最小化されていたり、ほかのウィンドウの後ろに隠れていたりする状態では動作しません。また、画像解析は画面の解像度に左右されるため、複雑な文字や小さなドット、ボタン・アイコンなどを読み取れず、うまくいかない場合もあります。

　画像解析技術でも操作対象がうまく認識できない場合は、**操作対象のエリアを座標で指定する方法**もあります。座標指定を利用する場合は、ウィンドウの位置や大きさが変化すると使えなくなるため、ほかのアプリケーションと併用しないなど、運用の際に注意する必要があります。

画像全体をスキャンする「画像解析技術」

画像解析技術のしくみ

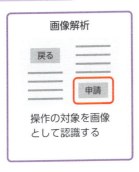
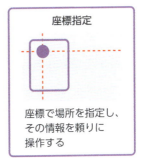

▲モニタ上の情報をスキャンして操作対象を特定するしくみ。リモートデスクトップ環境であっても作業を実行できるのが特徴だ。画像解析で操作対象がうまく認識されない場合は、座標指定を利用する方法もある。

画像解析技術のメリット・デメリット

- 操作対象を直感的に理解しやすい
- ルール化において設定がかんたん
- リモートデスクトップ環境でもロボットの実行が可能

- 対象アプリケーションのウィンドウが最小化されていたり、ほかのウィンドウに隠れていたりすると動作しない
- 複雑な文字や小さなドットなどが読み取れない

▲小さなボタンやアイコン、文字が複雑な場合は、読み取れずに解析がうまくいかない可能性があるなどの弱点がある。

039
ロボットの行動ルールを生成する「ルールエンジン」

ルールエンジンでロボットに「判断力」を付ける

　構造解析と画像解析を使って操作対象を特定できたら、それらをどう操作して処理を実行していくかを指定する機能が **「ルールエンジン」** です。RPAツールの記述方法に従って、操作対象、条件分岐などを指定し、ロボットがエラーを起こさないように論理的にルールを設計していきます。RPAのロボットは、想定していなかった状況に対応することはできません。あくまでも、**事前に設定したルールに従ってアプリケーションを操作します。**

　たとえば人間が行っていた「アプリケーションAのX項目のデータをアプリケーションBのY項目に転記する」という操作をルールに記述すると、「Aをアクティブ→Xを選択→コピー実行→Bをアクティブ→Yを選択→ペースト実行」というように、ロボットがわかるように指定する必要があります。さらに場合に応じて、ペーストする前にコピーデータを解析して「一部を切り取る」や「1,000倍する」、エラー予防に「データ形式を変換する」などの記述が必要になるかもしれません。

　ルールエンジンで行う作業は、人間が頭で考えて行なっていた作業プロセスを、ロボットがわかるようにマニュアル化していくことです。人間ならできそうな判断でも、ロボットはエラーを起こして止まる原因になります。起こりうる可能性を洗い出し、その処理を検討して記述しておくことが大切です。**ルールエンジンはRPAの重要な要素**です。ルールの構築にはもっとも時間を割かなければいけない部分といえます。

業務ルールを定義して実行する

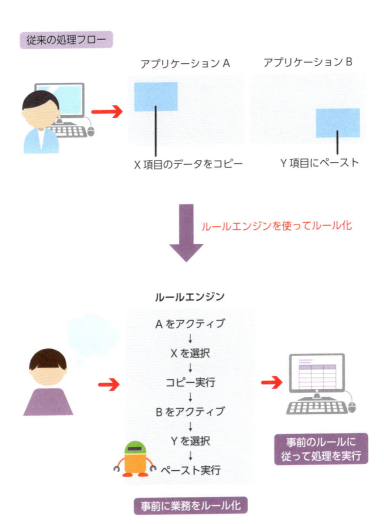

▲ルールエンジンを使ってロボットのルールを生成することで、自動的に一連の処理フローを実行できるようになる。正確なルールの構築が、有能なロボットを作り上げるといえる。

040
処理手順を設計し実行する「ワークフロー」

ルーチンの要となる「手順書」

　一般的にワークフローといえば、業務における一連の処理の流れを指します。**RPAツールにおける「ワークフロー」**も語源は同じですが、少し狭い意味で使われます。039で説明したルールエンジンの機能を、RPAツールによってはもっと人間が理解しやすいGUIで実現する開発環境が用意されています。その開発環境をRPAツールではワークフローと呼びます。

　ルールエンジンでは、ルールの定義を記述式や設定で行いますが、**それを視覚化してルール設定していける**のがワークフローの特長です。RPAがプログラミング知識不要でかんたんといわれる背景には、言語を使わずに視覚的にロボットが開発できるワークフローの存在もあります。

　ワークフローにおいては、工程の追加・変更をドラッグ＆ドロップで操作できるなど、直感的な操作で一連の処理フローを設計することができます。操作の対象・処理の方法・条件分岐などがさまざまなブロックのパーツのように用意されており、それらを画面上で並べて線で結び、フローチャートを作っていくだけでルールが生成できるようになっています。

　ロボットを開発する際は、ルールエンジンでもワークフローでも開発者にとって使いやすいほうを使えばよいのです。ただし、ワークフロー機能を持っていないRPAツールも存在します。ワークフローは、**一般的な業務担当者でもルール生成をしやすくするための補完機能**といえるでしょう。

一連の処理フローを設計・実行する

処理フローの流れ

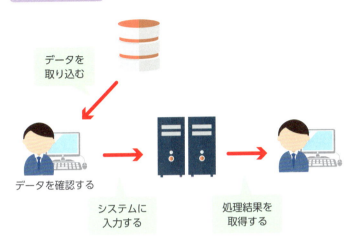

▲一般的なワークフローは業務における一連の処理の流れのことだ。あらかじめ整理して図示しておくと、RPAのワークフローに落とし込みやすい。

RPAのワークフローで記述する

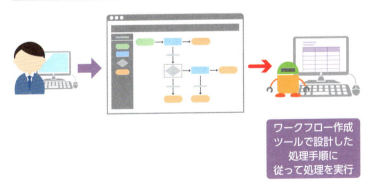

▲従来の業務のワークフローを意識してRPAの「ワークフロー」を使ってフローを再現していく。それでロボットのルールが開発できる。

041

アプリを高度かつかんたんに制御できる「API」「ライブラリ」

API、ライブラリがRPAの可能性を広げる

　画面上の操作をロボットに行わせるのが難しい場合に、UIとは別の方法でアプリケーションを制御できるのが**「API（Application Programming Interface）」**です。APIは、あるソフトウェアの機能の一部を外部のソフトウェアからも利用できるようにするしくみです。RPAが操作の対象とするアプリケーションにも、このAPIが備わっている場合があります。APIを通じてアプリケーションを操作するには通常スクリプトを記述しますが、あらかじめ**「ライブラリ」**としてよく使われるスクリプトが用意されています。ユーザーが一からスクリプトを書かなくても済むように、あらかじめ何種類ものライブラリを装備しているRPAツールもあります。

　人間の操作のトレースだけでアプリケーションを操作するのには限界や非効率な場合があります。そこで、たとえばWindowsでは、**Windows API**を使ってUIでは操作できない方法でアプリケーションを操作します。Windows以外でも多くのアプリケーションにAPIは準備されているため、それらをうまく活用することで、複数のアプリケーションのデータをスムーズに連携させることが可能になります。さらに、アプリケーション別に用意されたライブラリを利用すれば、ルールの作成もかんたんになります。

　自動化したい業務アプリケーションにAPIが用意されており、RPAツールがそのアプリケーションのAPIに対応していれば、それを活用することでRPAで実現できることが広がります。RPAツール選択の際には、APIの対応状況にも注意を払いましょう。

異なるアプリケーション同士をAPIで連携させる

APIとは

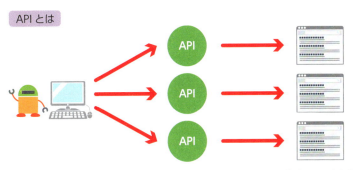

▲APIは、あるソフトウェアを外部ソフトウェアから利用できるようにした接続口のようなものだ。

ライブラリとは

対象アプリケーションのライブラリ　　APIからアプリケーションの定型的な操作を実行

▲RPAツールには、APIを通じて外部アプリケーションをかんたんに操作するための**各種ライブラリ**があらかじめ用意されている。

RPAの効果を大きくする

自動化の対象となる業務アプリケーションにAPIが用意され、かつRPAツールがそのアプリケーションのAPIに対応していれば、RPAで実現できることが広がる！

▲APIを活用することで、RPAをより便利に利用できるになる。RPAツールが多様なAPIに対応していれば、それだけ広範囲なアプリケーションを対象に自動化ができる。

042

RPAと連携する周辺技術

周辺技術との連携で自動化を進化させる

　RPAによる業務の自動化をより高度にしていくためには、周辺技術との連携も必要になってきます。

　現時点でRPAに必要不可欠といえるのは、画像解析技術やOCR技術です。スキャン画像から操作対象を識別し、データを自動取得するためになくてはならないものです。急速に家庭に普及しつつあるスマートスピーカーやスマートフォンの音声操作に利用されている**音声認識技術**もRPAにおいて効果が見込める技術です。たとえば、コールセンターの応対で、顧客が話す内容を自動的に判断し、場合に応じて適切な処理へ分岐させるなどです。手が使えないような運用環境でのロボットのUIとしても利用できるでしょう。

　そのほかにも、**IoT（Internet of Things）やM2M（Machine to Machine）** といった技術が挙げられます。IoTはさまざまなモノをすべてインターネットに接続することで、センサーを通じて情報を取得したり、対象を制御したりする技術です。M2Mは人間の手を介さずに機械どうしが自動的に通信して連携する技術です。たとえば、取り扱うすべての部品がIoTで管理されていれば、センサーによって所在がリアルタイムで把握されます。アイテム別の数量や所在を正確に把握したうえで、M2Mで遠隔地にあるRPAから指令を送り、配送システムに最適な指示を与えるということも可能です。

　これらのRPAを拡張する周辺技術と、説明してきたようなAIによる判断が加われば、従来は人間が介在しないと遂行できなかった業務までRPAで自動化できるようになるでしょう。

ロボットの精度向上や適用範囲を拡大させる技術

▲周辺技術との連携によって、これまで難しいとされていた知的作業の代替が可能になり、対応可能な業務範囲が広がっていく。

043

RPAツールが抱える問題とは

RPAツールは任せて安心の道具ではない

　RPAツールを導入すれば、業務の効率化が約束されるわけではありません。導入・開発・運用・管理の段階に問題があると、**期待外れの結果になるだけでなく、新たな問題を生む**こともあります。

　導入・開発における問題は、自動化したい業務を事前にしっかり把握せず、ワークフローを整理しないままにRPAツールを選んでしまうことです。各社のRPAツールはそれぞれ発展の背景が異なるため、得意とする業務分野があったり、開発ツールに癖があったりします。柔軟性の高い開発型のツールを選んでも、社内で使いこなせる人間がいなければロボットを開発できません。反対に、かんたんそうだからと特定業務向けのテンプレート型のツールを選んでも、自社のフローに適合しなければ効果を発揮できません。

　運用・管理における問題は、035で説明した業務のブラックボックス化です。利用する業務部門がロボットの管理をする場合、本来の業務の遂行が第一で、ロボット管理は二の次になることがあります。そこで統制なく場当たり的にロボットを開発すると、**管理できていないロボットや意図せず害をおよぼすロボットを生み出してしまう**危険性があります（061を参照）。導入時にいたRPAに詳しい社員が異動してしまったり、開発を外部にすべて丸投げしていたりする状態だと、社内でロボットを理解できる人間が誰もいなくなり、業務が停止しても対応できなくなるおそれがあります。RPAの運用・管理は個人や外部に任せきりにせず、ロボットは業務を担う一員であるという意識を共有しておくことが大切です。

ロボットの管理体制の構築が重要

導入・開発における問題

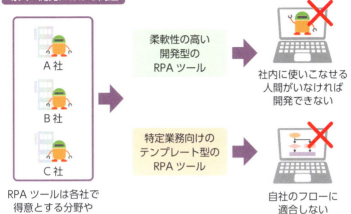

運用・管理における問題

▲RPAは使い方を誤るとマイナス効果になることもある。ロボットが抱える問題を把握し、対策を取っていくことが重要だ。

044

ロボットの管理をロボットで行う

管理ツールとあわせて稼働をクロスチェック

　RPAが実際に稼働すると、業務を止めないためにロボットの管理が大切になってきます。しっかりした管理ツールがある中で、さらに**ロボットの稼働や処理をクロスチェックする管理ロボットがあると理想的**です。

　管理ロボットには、全体を管理する役割を担うものと、個別の業務が適正に行われているかをチェックする現場監督的なものがあります。**全体を管理するロボット**は、古いロボットが重複して動かないように稼働中のロボットのバージョン確認をするロボット、各ロボットの期間ごとの稼働状況をチェックするロボットなどです。**現場監督的なロボット**には、各ロボットの処理が適正に行われているかダブルチェックを行うロボット、処理完了のメール通知をするロボットなどがあります。開発の効率化・工数の低減の面からも、設計段階から業務の定点、とくに**クリティカルポイントを設定して、ロボットをモジュール化しておく**ことは有効です。たとえばメール通知ロボットは単体で構築すれば別業務でも使えます。

　国内では**「BPM（ビジネスプロセスマネジメント）」や「BRMS（ビジネスルールマネジメントシステム）」**といったツールに、RPAの制御機能を実装する取り組みがあります。BPMは業務プロセスを可視化・管理するためのツール、BRMSはその業務プロセスの中の判断や分岐といったルールを可視化・管理するツールです。RPAはその全体を実行するツールといえるので、BPM・BRMSの機能はいずれRPAツールに取り込まれる可能性もあります。

ロボットを管理するロボットでクロスチェックする

管理ロボットの種類

●全体を管理するロボット

稼働中のロボットの
バージョンを確認

13時〜15時まで稼働

ロボットA

0時から6時まで稼働

ロボットB

各ロボットの期間ごとの
稼働状況を確認

●現場監督的なロボット

各ロボットの処理が適正に行われて
いるかダブルチェックを行う

処理完了の
メール通知を行う

BPM・BRMSとの連携も

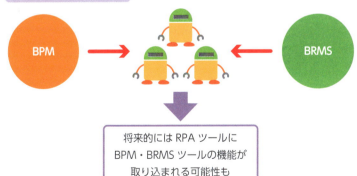

将来的にはRPAツールに
BPM・BRMSツールの機能が
取り込まれる可能性も

▲製品にすぐれた管理ツールが備わっていることが理想だが、業務ロボットを監視する管理ロボットを開発する考え方もある。また、BPMツールやBRMSツールにロボットのマネジメント機能を実装する動きがある。

Column
RPAとの親和性を高める「スマートDB」

　近年、多くの企業でRPAの導入が進み、業務の効率化が図られています。しかし、社内のデータベースとの連携がうまくいかなかったり、連携はしたものの、システム側の仕様が変更されて業務が停滞してしまったりするなど、結果的に投資対効果が得られないという課題を抱えている企業は少なくありません。そのような導入・運用時に発生する問題をデータベース側から解決してくれるのがドリームアーツ社の「スマートDB」です。

　スマートDBとは、同社の提供するBPM型Webデータベース「ひびきSm@rtDB」の呼称で、RPAとの親和性を高めた最新版です。ワークフロー機能を備えており、RPAの処理プロセスに人間を介在させることができるため、イレギュラーな問題にも柔軟に対応でき、さらなる業務効率が見込めるとしています。価格は、1000ユーザーの場合、1ユーザーあたり9,000円（税別）で、RPAとの連携も無料で行えます。

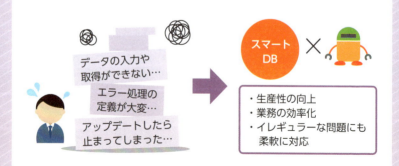

▲RPAを導入しても、連携がうまくいかなかったりしてつまづくケースも多い。スマートDBは、導入・運用時に発生する課題を解決してくれる。

Chapter 4

さあはじめよう!
RPAの導入と管理運用

045
デスクトップ型RPAなら 20万円台から導入できる

価格だけでなく活用方法を見極めて選択を

　RPAツールの導入コストは製品によって大きく異なり、デスクトップ型なのかサーバー型なのかによっても変わってきます。

　小規模なプロジェクトに向いているデスクトップ型RPAの場合は、20万円台から導入することができます。主要なRPAツールとして知られる**「NICE Advanced Process Automation」**であれば、デスクトップ向けが35万5,000円から、**「WinActor」**であればデスクトップの実行環境のみで24万8,000円となっています。全社的に大規模導入する場合に適しているサーバー型RPAの場合には、導入費用が一桁以上違います。「NICE Advanced Process Automation」のサーバー向けツールは481万円（ロボット1体のライセンス料金）からとなっており、**「Kofax Kapow」**であれば初年度の導入費用が1,500万円程度（初期費用と年間保守料込み）が見込まれています。ただし、RPAツールの大半はオープン価格です。具体的な価格についてはRPAベンダーや販売代理店に問い合わせる必要があるでしょう。

　RPAツールの支払い方法については、ロボット数に応じたタイプやモジュール別タイプなど、**価格体系もさまざま**です。また、「買い取り」で販売している製品もあれば、利用した期間に応じて費用を支払う月額や年額のサブスクリプションプランで提供されている製品もあります。RPAツールを導入する際は、導入コストだけでなく、自社ではどのようにRPAを活用していくのかを見極めたうえで選択していく必要があります。

RPAツールの価格比較

製品名(開発元)	価格
Automation Anywhere (Automation Anywhere)	20業務を自動化した場合を想定すると1,300万円程度〜(年間保守料込み)
Autoブラウザ名人(ユーザックシステム)	買い取りの場合は80万円〜(別途月額保守料として1万円が必要)
BizRobo!(RPAテクノロジーズ)	サブスクリプション型で月額5万円〜(30万円程度の有償トライアルあり)
Blue Prism(Blue Prism)	標準価格1,200万円程度(3年契約での年間最低利用料)
Kofax Kapow(Kofax)	初年度1,500万円〜(初期費用と年間保守料込み)
NEC Software Robot Solution(NECグループ)	288万円〜(年間保守料込み)
NICE Advanced Process Automation(NICE)	サーバー向けが481万円(ロボット1体のライセンス料金)デスクトップ向けが35万5,000円
UiPath(UiPath)	52万円程度〜(開発ツール1台、デスクトップ向けの実行環境1台という最少構成の場合)
WinActor(NTTデータ)	フル機能版で年額90万8,000円〜 ※デスクトップ実行環境のみの場合は24万8,000円(保守料込み)

▲パソコン1台で動作するデスクトップ型RPAから、サーバーで動作し、高度な管理機能を持つサーバー型RPAまで、価格やその価格体系はさまざまだ。

4 さあはじめよう! RPAの導入と管理運用

046
自社開発か導入支援サービスを活用するか

自社開発できる人材がいなければ導入支援サービスを利用する手も

　RPAを導入する際には、「自社開発」をするか「導入支援サービス」を活用するかという選択肢があります。**自社開発**はロボットの開発をすべて自社で行います。メリットは**業務内容が変化したときでも柔軟な変更ができる**ことです。ただし、それにはITの知識と同時に、対象業務に精通した人間が必要になります。RPAツール自体は必ずしも深いIT知識を必要としませんが、万一ロボットが停止した際も業務が止まらないように、企業内の情報処理全般に通じていることが求められます。また、導入の開発段階から業務の変更に伴うルール変更のときも、対象業務の内容やワークフローを深く理解していることが必要です。そのため、**RPAマネージャー**や**業務マネージャー**（P.140参照）を置くことが求められるのです。

　それには人材育成のための時間やコストがかかるため、小中規模の事業者ではすぐには実現できないこともあります。そこで活用したいのが、**RPA導入支援サービス**です。株式会社シーイーシーでは、BizRobo!の導入支援サービスを行っています。このサービスでは、業務カウンセリングによる適用業務の洗い出しから、業務プロセスのロボット適用度分析、対象業務の選定、実際のロボット作成、サーバー環境の構築、アフターフォローまでの一連のプロセスをサポートしています。1ライセンスにつき1ユーザーのみの利用ですが、BizRobo!を90万円から導入できる「スタータープラン」も用意されています。このような導入支援サービスは各社からリリースされているので、利用を検討してみてもよいでしょう。

RPAの自社開発と導入支援サービスの比較

RPAの自社開発

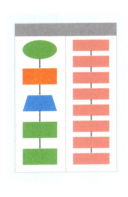

作成担当者

自社の従業員がRPAツールを使って
ロボットのルールを作成

➡ **業務内容が変化しても
柔軟な対応が可能**

RPAの導入支援サービス

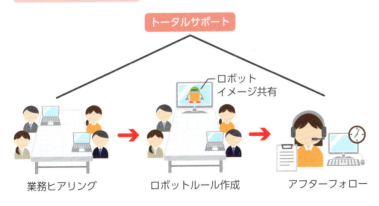

トータルサポート

ロボットイメージ共有

業務ヒアリング　ロボットルール作成　アフターフォロー

▲RPAをスタートする際には、ツールの導入から開発・運用までを自社で行う「自社開発」か、外部の業者が業務カウンセリングを行い、自社に最適なRPAツールの導入をサポートする「導入支援サービス」を利用することもできる。まずはやってみることが大事だ。

047

記録型と構築型のどちらを選ぶか

中長期的な運用の観点から考える

　RPAの対象業務を選定したら、具体的なRPAツールの検討へと入ります。その際は、**「記録型」**にするか**「構築型」**にするかを選択する必要があります。

　記録型は、**自動化対象業務に対し、人間が行う操作を記録（録画）して、それをロボットの動作に組み込んでいく方法**です。そのため、プログラミングの知識がない業務担当者でも、比較的かんたんにロボットを開発していくことが可能になります。ただし、部品の再利用ができないため、似たような業務であっても一部の処理が異なる場合は、業務ごとにロボットを作り直す必要があります。連携するアプリケーションや処理内容の変更に応じてルールの変更作業が生じるため、時間や労力を要し、大きな負担となります。

　構築型は、**業務の入力と出力（結果）までの人間の操作を分析し、ロボットの動作に組み込んでいく方法**です。必ずしも人間の操作を模倣する必要はなく、APIやスクリプトを使ってより適切な方法でロボットへのルールを作成できます。ある程度のプログラミング知識があったほうが、開発が容易になります。記録型とは異なり、ロボットを部品化できるため、似たような業務であれば、変更箇所のみ修正するだけで対応していくことが可能です。

　将来的にRPAの適用範囲を広げていくことを視野に入れている場合には、最初から構築型を選択したほうが賢明といえます。社内にプログラミング知識を持つ人材がいない場合には、新規で育成するか、外部の専門業者に依頼する必要が出てくるでしょう。

記録型のRPA開発と構築型のRPA開発の違い

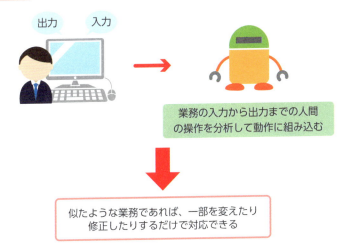

▲ロボットの開発手法は、人間の操作を記録してロボットに反映させる「記録型」と、業務を分析してロボット化していく「構築型」に分かれる。長期的な観点からいえば、構築型で進めていくとよいだろう。

048

RPAは「試行」が成功の鍵

RPAツールとの相性や親和性を確認するために必要なPoC

　業務フローの整理や業務の棚卸しをして自動化したい業務が決まったら、**「PoC」**を実施します。PoCとは「Proof of Concept」の略称で、日本語では「概念実証」という意味です。これは「RPAツールの導入が本当に有効なのか」「RPAツールと自社の業務との相性は合うのか」を検証する作業です。

　PoCを実施する主な目的は、**業務で使っているアプリケーションと、導入しようと考えているRPAツールが本当に連携できるのかどうかを見極める**ことです。そのため、全社展開を考えているのであれば、複雑かつ多くのシステム連携を必要とする業務に対してPoCを行っていったほうが、導入に失敗するリスクがなくなります。

　また、PoCでは基幹システムとの**接続性テストや既存アプリケーションとの親和性もチェック**していきます。PoCで使用するデータはテストデータで問題ありませんが、パソコンやサーバーなどは本番と同等の環境を準備する必要があります。異なった環境で行った場合、正確なPoCを行うことができず、その後の導入作業に悪影響を及ぼす可能性があります。企業の基幹システムと接続する場合には、情報システム部門の協力が必要になりますので、あらかじめ社内で連携しながらPoCを実施しましょう。

　なお、RPAテクノロジーズでは、通常はRPA導入までに数カ月を要するものを最短1カ月で可能にする**「PoCパッケージ」**を提供しています。BizRobo!やBlue PrismなどでRPA導入の早期化を考えている場合に効果を期待できます。

PoCの進め方

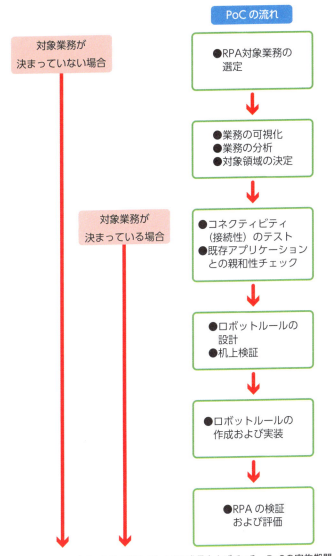

▲RPAツールはすでに多くの企業で導入され大きな成果を上げている。PoCの実施期間は事業規模や業務の重みによって異なる。

049
RPAの導入に必要な人材と組織

RPAを運用する部門を教育していくことが大事

　企業が従来ITシステムを新たに導入する場合、それを主導して運用していくのは情報システム部門ですが、RPAで自動化する業務を詳しく把握しているのは現場の部門です。そのため、**実際の業務プロセスをロボットに定義していく業務設計は、現場のユーザーの主導でないとうまくいきません**。また、導入時にロボットを開発したあと、業務内容の変化に応じてルールに改良を加えることも珍しくはありません。些細な変更でも情報システム部門に修正を依頼していると、迅速な対応が難しくなり、その結果、業務が滞る可能性も考えられます。

　もちろん、全社的なシステムとの接続やセキュリティ確保の面では、情報システム部門のサポートが必要になってくるでしょう。本格稼働に入る前の動作検証であるトライアルでも、システム的な観点からのアプリケーションの動作状況、システムをまたいだ自動化を実行する際の動作検証などは、現場の部門だけで行える作業ではありません。そのため、現場の部門と情報システム部門とがタッグを組み、一体となってRPAを導入していく必要があります。

　RPAの導入がうまくいけば、運用していくのは現場部門が主体となります。部門ごとにRPAを活用する人材のリーダーを選出し、情報システム部門と連携を取りながら教育をしていくことが望まれます。P.140で説明しているようなロボット活用の専門家であるRPAマネージャーの育成です。それによって全社的なRPAの導入が促進されるでしょう。

RPAの導入・運営を推進する人材・組織は

一般的なITシステムの場合

RPAの場合

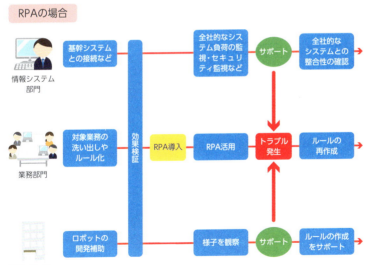

▲RPAの導入は、情報システム部門のサポートを受けながら、各バックオフィスの現場部門が主導するべきだ。さらに、RPAベンダーのサポート体制もあるほうがスムーズに導入できる。

050

現場主導型とトップダウン型どちらを選ぶ?

現場主導にもトップダウンにも偏りすぎないことが重要

　RPAが得意とする定型業務の自動化は、企業の中でいえば主に経理や人事、総務といったバックオフィスに多いですが、2章で見たように、フロントオフィスにも適用範囲が広がっています。そこで「働き方改革」を旗印に、いきなりトップダウンで全社導入を展開していくと、失敗してしまう可能性があります。業務の進め方やルールが部署ごとに異なるため、業務の共通化を図る段階で意見が統一できないことがよく起こるのです。

　反対に、現場主導になりすぎても失敗する場合があります。全体の最適化を図る責任者が不明確なまま現場で勝手にロボットを作成していくと、果ては「野良ロボット」(P.134参照)のように社内のシステムの運営に支障が出る危険があるのです。さらに、情報システム部で行っているメンテナンスの負担が現場部門に上乗せされてしまい、運用が立ち行かなくなる場合もあるかもしれません。

　望ましいRPA導入の流れは、全社的な意思としてトップが導入の決断をして、**導入過程においては現場の要望に合わせたボトムアップ的なアプローチをしていく**ことです。そして、RPA導入による成果がある程度見えたところで、部署ごとにRPAを導入するだけでなく、経営トップ主導による組織改革などのトップダウン的なアプローチを加味して見直し、業務全体の改善を行ってRPAを適用できる範囲を拡大したり、RPAマネージャーや**「CoE (Center of Excellence)」**(P.140参照)を設置して運用を管理し、部署を横断してRPAの効果を最大化するように取り組んでいきます。

RPA導入時のアプローチ方法

トップダウン型
- トップ「RPAの導入を検討してください」
- 総務、物流、コールセンター、営業、人事、購買、経理
- 意見が統一されない

現場主導型
- 企業の全体的な業務の最適化が見えない
  → あくまで部門最適化にとどまる
- 現場にロボット管理の負担が増える
  → 現業の時間の圧迫や、ロボット管理者の長時間労働
- ロボット管理者が不明確なまま
  → 無計画なロボット運用で基幹システムに負担や障害、情報セキュリティリスクを与えるおそれも

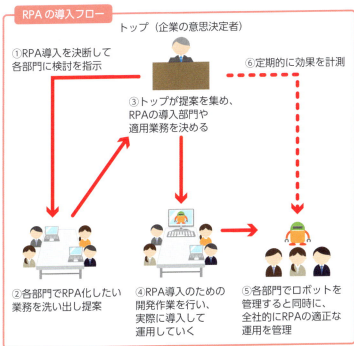

RPAの導入フロー

トップ（企業の意思決定者）

① RPA導入を決断して各部門に検討を指示
② 各部門でRPA化したい業務を洗い出し提案
③ トップが提案を集め、RPAの導入部門や適用業務を決める
④ RPA導入のための開発作業を行い、実際に導入して運用していく
⑤ 各部門でロボットを管理すると同時に、全社的にRPAの適正な運用を管理
⑥ 定期的に効果を計測

▲トップダウンとボトムアップをバランスよくくり返すことで、RPAの導入効果も高まっていく。

051

RPA導入の前にすべきこと

業務を可視化し、業務改善・改革の意識を持つ

RPAの導入を成功させるためには、導入過程に入る前に、**「業務の可視化」「RPAツールの学習」「業務改善・改革の意識を持つ」**の代表的な3つを行う必要があります。

まず、RPAで自動化の対象となる業務が可視化されているかどうかを確認します。業務にはマニュアルや業務規定、仕事の進め方を記載したフローなどがありますが、それらがコンピュータの操作レベルで正しく表現されているかどうかが大切です。具体的に細かな作業まで可視化がされていないと、ロボットの作成へと落とし込むことができません。業務が属人化されているのであれば、必ず可視化をしておく必要があります。

次に、導入するRPAツールの学習です。ベンダーによっては無償トライアルが利用可能な場合があるほか、ベンダーや販売代理店が開催する研修・セミナーを利用するという手もあります。また、YouTubeなどの動画サイトにRPAツールの動作のしくみがアップロードされている製品もあります。ロボットの開発は外部パートナーに委ねるという選択もありますが、その場合でも、**導入するツールの概要や仕様などは把握しておきましょう。**

最後に、業務改善・改革の意識です。RPA導入はその業務に携わる人を定型作業から解放してくれます。しかし、RPA導入がゴールではありません。RPA導入によって生まれた時間や人員をどう活かすのか、その業務にかかわるすべての人が意識を共有しておくことが大切なのです。

RPA導入を成功させるためにしたいこと

業務の可視化

ロボット化を予定している業務のマニュアル、業務規定、処理フローなどを詳細に可視化する

RPAツールの学習

RPAツールはまだ誰も触ったことがないため、無償トライアルの利用や、研修・セミナーなどを利用した事前の学習が必須

業務改善・改革の意識を持つ

RPA導入の最終ゴールは、業務改善によって余裕ができる時間や人員に何を求めているかをイメージすることが重要

▲RPAツール自体の技術的なハードルは高くない。3つのポイントを押さえておけば導入成功の可能性が高くなる。

052
RPA導入に不可欠な「ガバナンス整備」

全社的にRPA運用のガバナンス徹底を

　RPAもITシステムの1つであることから、セキュリティ対策が十分でないと、外部からの不正アクセスによる情報漏えいや、クラッキングによる損害が生じる可能性があります。管理が部門単位という場合は、内部不正の危険も高まります。また、多くの業務がRPA化されると、災害やシステムの障害などで停止した場合、その企業の業務自体が停止してしまうことも考えられます。そのため、**そのような事態に備えたシステムの冗長化を検討し、RPAが停止した際のガイドラインや業務オペレーションマニュアルを整備する必要があります。**

　RPA導入によって考えられるリスクはほかにも、「誤処理の見過ごし」「連携する既存システムとの不整合」「管理者交代によるブラックボックス化」が考えられます。ITガバナンスの整備については、現場の業務部門だけでなく、情報システム部門の役割も重要です。RPAの障害監視・インシデント管理や基幹システムに対するロボットのアクセスコントロール、ロボットによる自動化処理の変更管理、ロボットによる操作ログ・証跡の取得など、**稼働しているほかのシステムと変わらない運用管理体制を設ける**必要があります。RPAの導入が仮に部門単位でも、運用には全社的なサポートが必要です。

　企業が取り扱う情報のコントロールは、いまや企業の生命線といえます。RPAを想定したセキュリティ対策は経営層や経営企画部門、さらにはリスク管理を行う間接部門も含め、全社的にガバナンスを確立していくことが大切です。

RPA導入後に考えられるリスク

機密情報や個人情報を取り扱う業務にRPAを導入する場合には、不正アクセス対策が必要

災害やシステム障害によってRPAが停止したときのバックアップ体制を構築しておく必要がある

例外処理対策が不十分だと、ロボットが誤った処理をし続ける可能性がある

連携先に変更が生じても、RPAが対応していないとトラブルを招くことになる

後任担当者にRPAの業務フローを引き継がないと、将来的に業務プロセスの改善ができなくなるおそれがある

▲企業がRPAを導入する際には、さまざまなリスクに備えるガバナンスを社内に整備しておく必要がある。

053

RPA導入の流れ

スモールスタートでも全社展開を念頭に入れた導入を

　RPAを導入する際には、どのような流れで進めていけばよいのでしょうか。

　最初に行いたいのは、**「PoC対象業務の選定」**です。ベンダーからRPAツールの情報を収集し、ツールのコンセプトや特徴を理解したうえで対象業務を選定します。次に、**PoCの要件を確認**するため、業務フローの整理と棚卸し（RPAの製品によっては業務フローの整理と棚卸しを支援する機能を実装しているものもあります）を行います。その際、業務で使われているアプリケーションの棚卸しも行っていきます。ここまで完了したら、**導入テスト（接続性テスト）**を行います。既存アプリケーションとの親和性をチェックし、問題がなければPoCを実施します。ここでは「導入を予定しているRPAツールが有効であるか」「ロボットで自動化する業務との相性が合うか」といった見極めを行います。

　PoCを実施したら、RPAツールを導入する**対象業務を確定**していきます。その際、もっとも効果的である「定型的な業務」「適用範囲が部門単位」「処理件数が膨大な業務」からロボット化の対象としていきましょう。次に、ロボットで自動化するのに最適な2〜3つの業務に**トライアル導入**をして、「投資対費用効果」を含めた効果を確認し、RPAの本番導入を進めます。

　導入までのプロセスは早くて3週間ほど、平均的には2〜3カ月くらいかかります。PoCの結果、スモールスタートで始める場合は、将来的な全社展開を見据えておくことが重要です。

PoCから本格導入まで

RPA ツール導入の流れ

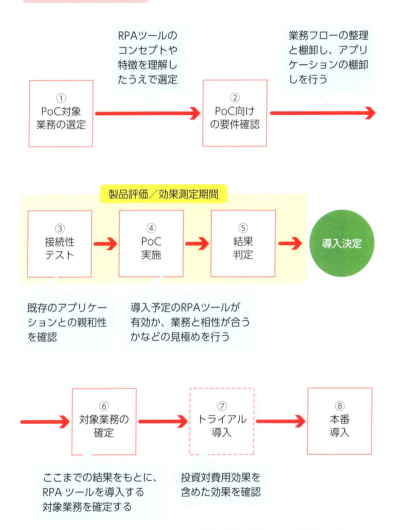

▲RPAの導入をスムーズに行うためには、PoC対象業務の選定から本格導入までの大まかな流れを理解しておくとよい。

054

RPAツールの選び方

導入を決める前に自社に合ったツールを絞り込む

　RPA市場が広がることで、さまざまなRPAツールとそのツールを提供するRPAベンダーが増えてきています。

　P.24で説明したように、RPAはデスクトップ型とサーバー型に分けられます。**小規模な導入にはデスクトップ型、大規模な導入にはサーバー型を選ぶとよい**でしょう。機能的にはサーバー型のほうがすぐれていますが、サーバーで複数のロボットを集中管理できる分、コストは高くなります。また、RPAツールは**汎用型か特化型**かという区別もできます。多くのRPAツールは設定次第でさまざまな操作を自動化できる汎用型となっていますが、特化型の場合は、業務フローやレポートのテンプレートが搭載されているなど、その分野に特化した機能が搭載されています。RPAを特定の部門だけにしか導入しないつもりであればそれもよいですが、導入する業務を拡大する際は複数のRPAツールが必要になり、コスト高や部門ごとにツールが不統一になるというデメリットが生じることになります。将来RPAの全社への展開を考えているのであれば、できるだけ汎用性が高く幅広い業務に対応できる、開発の方法にも柔軟性があってカスタマイズ性の高いRPAツールを選んだほうがよいでしょう。

　機能のほかにも、**RPAベンダーのサポート体制もツール選びの重要な要素**になります。どの企業でもRPAの導入は初めての試みになるケースが多く、サポート体制の充実度はRPA導入の成否を左右することもあり、事前のチェックが欠かせません。

代表的なRPAツールとその特徴

製品名（開発元）	特徴
Automation Anywhere（Automation Anywhere）	ロボットを開発するときに部品を作り、その部品をコピーして再利用できる開発環境を提供。サーバーでロボットを一元管理し、稼働状況なども把握できる。
Autoブラウザ名人（ユーザックシステム）	ブラウザだけでなく、Windowsアプリケーション全般を自動化できる。別売の「Autoメール名人」と連携することで、電子メールを送付するといった作業も自動化できるのが特徴（P.48参照）。
BizRobo!（RPAテクノロジーズ）	サーバーでロボットを動作させる場合に、複数のロボットを同時に実行できる。クラウドサービスによるRPAツール「BizRobo! DX Cloud」も提供されている。
Blue Prism（Blue Prism）	金融機関向けに開発したツールから始まり汎用的にRPAツール化した製品。大規模導入を前提にしているため、高いスケーラビリティや高度なセキュリティ機能などを搭載している。
Kofax Kapow（Kofax）	サーバーでロボットを動作させる場合、複数のロボットを同時に実行でき、「負荷分散」といった高度な管理機能を提供する。
NEC Software Robot Solution（NECグループ）	開発環境、実行環境、管理機能が一体化しているデスクトップ型のRPAツール。操作画面などがすべて日本語で表示されるのが特徴。
NICE Advanced Process Automation（NICE）	全自動型とデスクトップアシスト型の2種類のロボットが用意され、業務の特性に応じて全自動型、アシスト型および両者を組み合わせた適用が可能。ロボットの稼働状況やモニタリング機能を装備しており、ロボットの開発だけでなく運用管理機能も充実している（P.54参照）。
UiPath（UiPath）	開発環境、デスクトップとバックオフィス用の実行環境、管理ツールで構成され、それぞれ個別に導入できる。ほかのサービスとAPI連携できる環境を用意している。
WinActor（NTTデータ）	開発ツールに4種類の自動化の方法を搭載しているデスクトップ型のRPAツール。日本語で画面が表示されるほか、日本語マニュアルが用意されている（P.44参照）。

▲同じRPAツールであっても、販売代理店によってサポート体制やサポート内容が異なる場合がある。各RPAツールごとの特色を把握し、自社に最適なRPAベンダーツールを選択するとよい。

055
コストと管理を考えると
クラウド型RPAもある

クラウド化でさらなるコスト削減を

　マクロに近いようなRPAであれば、デスクトップパソコンに直接インストールするようなものもありますが、本格的に導入するのであれば、サーバーにシステムを構築する必要があります。既存のRPAは自社で設備を用意する**「オンプレミス型」**で構築するものが多いですが、低コストで導入できる**「クラウド型RPA」**に注目が集まっています。

　クラウド型とは、インターネット上に仮想サーバーを置く形式のことで、インターネットを通じて環境を構築するため、自社環境にサーバーを設置することなくRPAを導入できます。日本でも、国内初のクラウド型RPA**「BizteX cobit」**が2017年11月にリリースされています。ネットワーク的には外部と接続することになるので、基幹システムとの接続や社内データのセキュリティ確保には十分な注意が必要です。しっかり管理できる担当者を置きましょう。

　クラウド型のメリットには、**開発期間や初期費用を大幅に削減できることに加え、ランニングコストを抑えられることや、小中規模の事業者でも導入しやすい**点が挙げられます。インターネット環境さえあれば利用できるため、複数の事業所での利用が可能で、最新版へのアップデートも容易です。

　現時点では、オンプレミス型に比べるとクラウド型で実行できる作業は単純なものが多く、個別業務への対応やシステムの細かな調整が難しいといった弱点もありますが、RPA導入時には有力な選択肢の1つとして覚えておくとよいでしょう。

クラウドサービスでRPAの普及が加速する？

オンプレミス型RPAとクラウド型RPA

	オンプレミス型 RPA	クラウド型 RPA (BizteX cobit)
提供形態	オンプレミス	クラウド
利用までの期間	3ヶ月〜	環境が整い次第
初期費用	数百万円	30万円
年間費用	数十万円〜数千万円以上	120万円〜
管理者	専任担当者が望ましい	業務担当者レベル（専門知識不要）
企業規模	大手企業	中堅・中小企業

▲「BizteX cobit」は国内初のクラウド型RPA。コストがリーズナブルなだけでなく、即日利用が可能なため、誰でもかんたんに取り入れることができる。

クラウド型RPAのしくみ

インターネットに接続

▲クラウドを通してRPAが提供される形態。インターネット環境（VPN接続などのセキュリティ確保は必要）があればすぐに利用できるため、手軽なRPAとして注目を集めている。

056

導入テストはどうする?

ロボットが正しく機能するかどうかを主眼としたテストを行う

　RPAの導入後にバグなどが出ないように、**導入前にテストを行う必要があります**。

　まず、ロボットの機能が正しく動作するかどうかについてです。作成したルール通りの機能をロボットが正確に再現できているかを確認します。ロボットが行う処理の工数が少なく、一本道のように単純な場合は比較的テストはかんたんですが、条件によって処理を分岐させたり、複数のシステムやアプリケーションと連携してやり取りするなど、ルールに記述する工数が増えるにしたがって、エラーやバグが発生する可能性が高まります。こういった場合は、あらゆる条件のデータを入力して、分岐判断やその後の処理が正常に行われるかをテストする必要があります。

　次に、ロボットによる業務プロセスが正しく回るかどうかです。それまで人力で行っていた既存業務の結果と、RPA導入後にロボットで自動化した業務の結果を比較し、差異がないかを確認します。具体的には、出力画面、出力帳票などのアウトプット結果について、内容と処理ステータスが一致しているかどうかを検証します。

　最後に、エラー発生の防止と、業務の継続性の担保についてです。セキュリティソフトが動作したり、OSの更新が開始されたりしただけでもロボットが停止することがあります。そこで、ロボットの動作を阻害しそうな要因をあえて発生させてみます。実際に停止するならルールを変えて要因を回避します。停止した場合には、リアルタイムに人間に通知するしくみも当然必要です。

RPA導入時に行うべきテスト例

業務結果が正しいかどうかを比較検証

業務の結果が同じものかどうかを突き合わせて検証する

意図的にエラーを発生させる（代表例）

エラーのタイプ	エラーの内容
人為的なミス	「ロボットが使うファイルを削除する」などの人為的な誤操作で、ロボットが動作を停止する。
ロボット処理の追い越し	ファイルのダウンロードが完了する前にフォルダーを移動する処理を発生させ、ロボットが停止する。
ほかの処理の割り込み	ファイル移動の処理を行う前に、セキュリティソフトやWindows Updateなどの動作が割り込み、ロボットが停止する。

ロボットが停止する状況を想定し、意図的にエラーを発生させる

ロボットの動作環境が変わる

パソコンの環境の変化が要因でロボットが停止する場合もあるため、人間がロボットの停止をリアルタイムに検知し、業務を継続できるようにする

▲3つのテストが導入テストのすべてではない。その企業やプロジェクトの特性に応じて変化を付けるとよいだろう。

057

RPAの運用に失敗しない方法は?

ロボット化する業務の現場が運用管理も担当するのが適切

　RPAツールには、ロボットを動作させるスケジュールの設定や稼働・停止の指示、進捗状況の確認などといった、**ロボットの稼働状況を管理する「管理ツール」が搭載**されています。問題は、その運用管理を誰が行うのかということです。

　通常のITシステムであれば、情報システム部門内のシステム運用担当者か、あるいはシステム運用を委託している外部パートナーが運用管理を行います。しかしRPAの場合は、システムとして正常に動いているかという側面だけでなく、「対象の業務をミスなく効率化できているか」という側面があります。それを判断できるのは、自動化の対象となる業務を回している現場の部門です。**「ロボット≒従業員」**と考えると、ロボットに代行させている業務の各部門の担当者に運用管理を任せるのが、スモールスタートの時点では理想と考えられます。

　そのため現場の部門でも、RPAの運用に必要な知識やスキルをある程度身に付けておく必要があります。運用管理とは別に、システムとしてのRPAの運用管理は、企業全体として情報システム部門が**そのほかのITシステムに準拠したITポリシーやセキュリティポリシーを適用する**べきです。

　業務フローやシステム環境、担当者などは常に変化していくものです。問題が起きた際にすばやく対処できるようにするためには、**CoE**を設置し、組織横断的に開発から運用までしっかり運営していくことがやはり理想です。

RPAの運用管理体制

運用管理は現場の担当者が行う

●ロボットが正しく稼働しているか管理

現場の部門

管理 →

ロボットが正しく稼働しているかどうかについては、業務プロセスを回している現場の部門が運用管理していく

●システムとしてのRPAの管理

情報システム部門

システムとしての側面からは、情報システム部門がITポリシーやセキュリティポリシーに準拠した運用管理を行う

管理 →

▲ロボットの日常的な運用・管理はRPAの知識とスキルをある程度身に付けた現場の部門が行い、セキュリティを含めた企業の情報管理に関わる部分は情報システム部門が関与する。

最適な運用体制とは

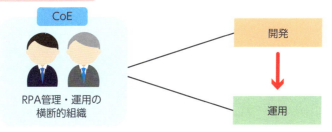

▲業務フローやシステム環境、担当者は変化していくものだ。RPAの最適な運用方法は、CoEを設置し、RPA担当者が集まって開発から運用までをしっかり運営していくことだ。

058
RPAの管理・統制・運用に適した組織を構成する

ロボットを人間と同じ位置付けで構成する

　RPAをうまく管理・統制・運用していくために、どのような組織を作っていけばよいでしょうか。

　RPAは現場の業務に精通していないとうまく運用できないため、まずは現場の部門の人間が必要になります。また、ITガバナンスの観点や、システムとしてのRPAをメンテナンスしていく観点から、情報システム部門の人間も欠かせません。加えて、RPAを導入することで実現されるのは「業務改革」のため、それを担う経営企画部門も視野に入れる必要があります。つまり、RPAで自動化する業務を担当する現場部門、情報システム部門、経営企画部門内の人員で専門チームを構成し、RPAの管理・統制・運用を行うことがベストな選択です。

　理想的な方法としては、部門を横断した全社レベルでロボットを管理する**CoE**を構成することです。CoEには、情報システム部門や経営企画部門のメンバーも加入させておく必要があります。多くの企業では、所属する人間に対してガバナンス体制が構築されていますが、**ロボットも人間と同様に位置付け、1人の従業員として特定のIDとパスワードを与えて管理することも1つの方法**です。ロボットにバグが生じたり、ルールの作成・変更があったり、野良ロボット化したりしたときは、CoEが管理します。

　このように、ロボットを管理・統制・運用していくことで、ロボットに対するリスクも低くなります。

RPA導入における組織内のロボットの位置付け

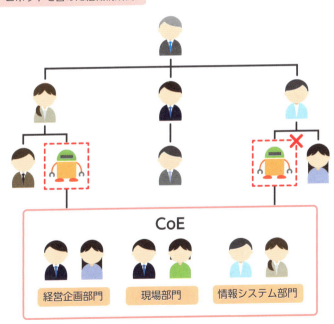

▲ 部門を横断した全社レベルでロボットを管理するCoEを構成することで、ロボットの運用・統制において発生する問題を防ぐことができる。

059
RPAプロジェクトの人材に求められるスキルセット

求められるのはロジカルシンキングスキル

　ロボットの開発や運用の場面において、多くのRPAツールではプログラミング知識を必要としていません。3章で紹介した「ルールエンジン」や「ワークフロー」といったロボット開発環境では、ルール作成における操作対象はオブジェクト化されており、自動化する業務で利用するWebサイトや業務アプリケーションを呼び出して動作を記録していくGUI操作だけでロボットを開発できるようになっています。RPAツールはITシステムの枠組みに入るとはいえ、RPAプロジェクトで求められるベーススキルはエンジニアやプログラマーとは少し異なります。

　では、RPA担当者に求められるスキルはどのようなものでしょうか。RPAツールでロボットを開発する際には、業務をフローチャート化する必要があります。業務分析や事実確認、業務の分解・統合、全体の整合性確認といった論理的な考え方を取り入れる必要があります。そのため、RPA担当者には**ロジカルシンキングスキル**が求められます。また、プログラム言語での開発能力は必要ありませんが、より高度な処理を記述するためには、**プログラミングスキル**があるに越したことはありません。

　RPAを開発・運用していく担当者は、業務改善のために既存のシステムの問題点や不便な点について他部門と折衝する場面も多いため、**コミュニケーションスキル**も重視されます。また、本来RPAは業務を改善するためのツールであるため、単なる処理の自動化にとどまらない**業務改善コンサルティングスキル**も必要です。

RPA担当者に必要なスキル

ロジカルシンキングスキル

ロボットは論理的かつ正確でないと、作成したルール通りに動作しないため、ロジカルシンキングスキルが求められる

プログラミングスキル

エンジニアやプログラマーとは異なり、プログラミングのスキルは不要だが、高度な処理を記述するためには、基礎的な知識を理解していると役に立つ

コミュニケーションスキル

RPAは業務改革のために導入するもののため、他部門と折衝する場面も多くなってくる

業務改善コンサルティングスキル

RPAの目的は業務の効率化なので、対象業務の本質を理解してプロセスを改善していくコンサルティング能力も求められる

▲RPA担当者には特別な資格や技術は必要ないが、論理的思考やコミュニケーション能力などが求められる。基礎的なプログラミング知識があればなおよいだろう。

060
RPA導入後の課題解決を図る「RPA診断」

導入効果が得られていなければ外部診断サービスの利用を

　RPAを導入しても、「導入後の運用がうまくいかない」「期待したほどの効果を得られない」「想定していた時間内にロボットの業務が終わらない」という問題が発生する場合があります。これらの問題を回避するためには、業務選定やツール選定段階までさかのぼらなければなりません。RPAベンダーが提供するロボットは、処理能力において明らかな性能差があります。処理スピードが遅い原因は、RPAツールの設計がマシン性能、操作対象のアプリケーション、ネットワーク環境に依存しているなどさまざまです。自社の環境や対象業務において、そのRPAツールが性能を発揮できるかを導入検討段階で見極めることが何より大切です。

　導入後にこういった問題に直面した場合は、原因の究明と対策が必要となります。株式会社豆蔵が提供している**「RPA診断」サービス**では、問題解決にあたって「要件診断」「現状診断」「ロボット診断」という3つの診断を順番に実施します。**「要件診断」**では、RPA導入で実現したかった本来の目的を確認し、業務目線での要件を確認します。次の**「現状診断」**では、実際のRPAの運用状況を確認し、本来RPAに求めるパフォーマンスを明らかにしていきます。最後の**「ロボット診断」**では、要件診断と現状診断とで判定されたずれを埋めていくという観点から、改善ポイントを抽出して、最終的な「診断書」を作成してくれます。

　RPA導入後に期待通りの成果を上げられているかどうかを不安に感じたときは、外部診断サービスの利用も検討してみてください。

導入後の課題を解決するために

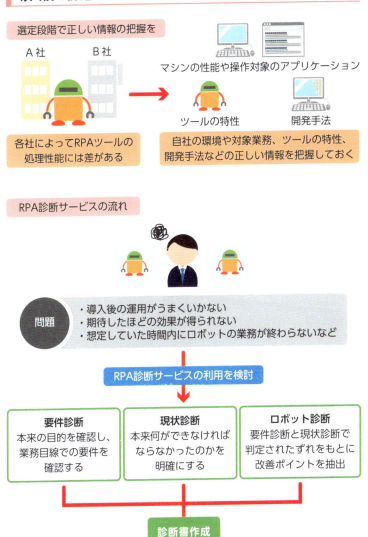

▲RPA診断サービスは、期待したほどの効果が得られない企業を対象としている。解決方法は診断書として提供される。RPAの導入規模によって状況が異なるため、価格は企業ごとの見積りとなる。

061
野良ロボットを生み出さないために

現場で勝手にロボットを作らせないルールが必要

　RPAは導入の容易さが問題を生むこともあります。担当者が無節操にロボットを作成してしまうことで、やがて誰も管理できない**「野良ロボット」**が生み出されてしまいます。

　043でも説明したように、野良ロボットのもっとも大きな発生原因は、ロボットを作成した管理者が退職し、そのロボットについて理解できる人間がいなくなってしまうことです。また、ロボットの運用・保守は自社で行い、開発は外部に委託している場合や、時間を経るごとに業務プロセスが変更されていくのに、ロボットの仕様変更が徹底されていない場合も起こります。

　野良ロボットが生まれることによる弊害は、コストロスにとどまらず、誤った情報を入力し続けたり、大量に処理できるために、業務アプリケーションサーバーに多大な負荷がかかってしまったり、ネットワークの帯域を要してほかの業務を止めてしまったりすることです。野良ロボットを発生させないためには、**運用管理ルールだけでなく、開発ルールを決め、管理を徹底させていくことが必要**になります。

　さらに、RPAの普及により**「悪意（悪影響）のあるロボット」**も懸念されています。たとえば、人間の見えないところでロボットが顧客情報を吸い上げ、その情報をメールで外部に送信したり、ロボットの権限を利用して人間がなりすましたりするおそれです。こういったリスクを排除するためにも、現場の業務部門だけでなく、全社的なRPA管理の体制の整備が求められます。

野良ロボットの発生を防ぐために

野良ロボットが発生する理由

ロボット管理者が退職したがゆえに、
そのロボットのことをわかる人間がいない

⬇

ロボットの管理を属人化させない

ロボットの開発を外部に委託しているため、そのロボットに詳しい人間が社内にいない

⬇

ロボットの開発は社内で行う。開発を外部委託する場合は、運用・保守までを含めた委託内容にする

業務プロセスが変更されたものの、ロボットの仕様が変更されていない

⬇

業務プロセスをまとめておき、業務変更があった際のロボットへの影響をすぐわかるようにしておく

野良ロボットによるリスク

● 誤った情報を入力　　● サーバーへの負荷　　● 業務の停止

▲ 野良ロボットや悪意のあるロボットによる危険を防ぐためには、RPAツールの運用管理ルールと開発ルールを徹底させる必要がある。

Column

独自のロボット開発に強いRPA

　大半のRPAツールにはテンプレートが用意され、GUI操作によって比較的かんたんにロボットが開発できるようになっています。しかし、テンプレートで作成できるロボットはパターン化されており、自社の業務に合ったロボットが作成できない可能性もあります。より柔軟なロボット開発を望むユーザーは、物足りなくなるかもしれません。

　「ROBOWARE」（株式会社イーセクター）は開発・運用・管理のための複数のツールを統合したフレームワーク型のRPAです。開発においてはほかのRPAツールのようなテンプレート選択が基本ではなく、独自の開発手法を備えています。Ruby・JAVA・C#・PHPの4つのプログラム言語によるロボット開発が可能で、しかも開発ツールに用意されたAPIを利用すれば、すべてを一から言語で記述する必要はありません。APIに引数を与えるだけで、かんたんに各言語でのスクリプトを生成できます。APIは4つの言語ごとに用意されており、各言語で書かれた50種類以上のサンプルスクリプトもあります。それを参考にして改変していけば、独自ロボット開発のための時間と労力を大幅に軽減できるようになっています。

　多くのRPAの動作環境はWindowsだけですが、ROBOWAREはLinuxでも実行できるため、Linuxが混在している環境でも自動化が可能なのも特長です。一般的なRPAに比べて開発ツールの使いこなしはハードルが高いといえますが、ロボット開発者にプログラミングの知識があって、誰もがかんたんに開発できることが優先事項ではなく、より柔軟なロボット開発を望むユーザーにとっては強い味方となるでしょう。

Chapter 5

どうなる！ RPAがひらく業務効率化の未来

062
ホワイトカラーの仕事は奪われるのか

業務の効率化＝雇用へのマイナス？

　RPAで事務労働の生産性が向上すれば、企業にとっては大きなプラスとなります。しかし、働く人にとっては雇用に悪影響をおよぼすのではないかという懸念が出てきます。

　RPAの先進国であるアメリカでは、RPAを推進することで、業務の25〜50％程度は人間が携わらずに済むようになるといわれています。また、Kofax社の実証実験では、日本国内のある生命保険会社において、削減できる業務が50〜80％あることが示されています。これらを勘案すると、ホワイトカラーの雇用の半分がロボットで代替可能と考えることもできます。RPAが浸透すると、ホワイトカラーの一部が仕事を失うことになるのは間違いないでしょう。アメリカではすでにその傾向が出てきており、社会問題にもなっています。

　しかし、日本のホワイトカラー業務は、一見単純な作業をこなしているだけに見えていても、複数の業務を複合的に処理することが多く、RPAで完全に代替できるようなケースは少ないのが実情です。そのため、RPAが雇用問題に直結することは考えにくく、むしろ長時間労働が問題となっている現代においては、労働時間の短縮に寄与してくれる部分のほうが大きいかもしれません。

　単純作業だけの仕事は確かにRPAに奪われるかもしれませんが、多くの仕事はもっと複合的です。RPAによって生まれた時間で、**人間はクリエイティブな業務に注力できるようになります**。本来やるべき業務・新しい仕事の創造・仕事以外の生活の充実など、**QOL（生活の質）を高めるチャンスと積極的にとらえる**べきでしょう。

積極的に人間らしい仕事と生活を手に入れる機会

ホワイトカラー業務が奪われるという懸念もあるが・・・

▲RPAは人間をサポートする存在だ。手間のかかる作業をRPAに任せることで、人間はより幅広い目的に活かせる時間を手に入れられる。

063

RPA運用に特化した職種の登場

RPAが新たな仕事を生み出す

　契約社員や派遣社員が担っているような限定的な業務は、ロボットへの移行が進んでいく可能性が高いと考えられています。

　では、RPAは人間の業務や職種を削減するだけかというとそうではなく、新たに必要とされる職種もあります。それは、RPAの運用・管理を専門的に行う仕事です。**RPAを単に導入するだけでなく、より高い生産性を求めて効率化を図るためには、ICTと同時に業務にも精通し、組織を横断して業務を見渡す能力が不可欠**になります。そのため、RPAを運用するにあたって、ロボット運用に特化した**「RPAマネージャー」**が必要になります。社内ルールや業務ルールの変更に応じて、迅速にRPAツールの変更を行います。

　また、ロボット開発者は業務に精通している必要があるため、現業のルールを把握し、会社の方針や約款・規約・規定の変更に伴って自社サービスの変更を余儀なくされた場合などに、自らが担当する業務への影響を見越し、主体的・能動的に業務のルール変更の要否を判断する**「業務マネージャー」**も必要です。

　ただし、業務マネージャーだけでは企業内のすべての業務に精通することは困難です。そこで、社内の各エリアの有識者を集め、RPA導入の効果を最大化する役割を担う**「CoE（Center of Excellence）」**も欠かせません。CoEは、企業の目標・目的といった全社的な業務改革を実現するために、成功・失敗談を共有し、RPA導入効果を最大化する役割を担う専任組織です。また、設計・導入・運用・管理を統括したマネジメントも行います。

RPAに特化した職種の登場

RPAで自動化される職種

▲RPAが浸透していけば、従来人間が行っていたさまざまな職種が自動化の対象となるだろう。

RPAが生み出す新しい職種

▲RPAが推進されていけば、ロボットを管理する「RPAマネージャー」だけでなく、業務に精通した「業務マネージャー」や「CoE」が必要になるだろう。

064
AIとの連携で より高度な業務も可能に

AIとの組み合わせで苦手な分野も克服

現在は人間の作成したルールに従って定型業務をこなすだけのRPAですが、さらに人間に近い働きが期待されます。

そこで注目されているのが**「AIとの連携」**です。AIは学習し、判断する技術を持っているため、AIが人間の代わりにRPAを運用することで、RPAの弱点を補強することができるようになるのです。AIに業務を学ばせるときは、人間が一つ一つ設定するのではなく、機械学習という手法を用いて行います。機械学習は、**過去に蓄積された膨大なデータや業務内容を覚え込ませることで、未知の状況であっても過去の実例に沿った統計的な判断を可能**にします。これによって、「AIが判断し、ルールを作ってロボットに作業をさせる」ことが、ある程度できるようになるのです。

さらに、ディープラーニングと連携することで、より人間に近い自律的な判断が可能になります。ディープラーニングは、人間の神経を模した「ニューラルネットワーク」を多層的にすることで、大量のデータから規則性や関係性を見つけ出し、人間なしで判断できるようになる手法です。

すでにAIとの連携の試みは開始されており、たとえば、AIを利用して受付や問い合わせへの対応を行うなど、これまでは人間の判断に任されていた業務がRPAで運用されています。もちろん、AIも万能というわけではありませんが、両者を組み合わせることで、より広範な業務でRPAが活用可能になっていくのは間違いないでしょう。

RPAにAIを活用

人間に近い業務が可能に

単純作業のRPAから　　AI搭載で人間に近い作業が可能に

AIの特徴

- 自己判断が可能
- 機械学習で精度アップ
- 分析が得意
- ディープラーニングでさらに性能向上

機械学習を用いた手法

蓄積された膨大なデータや業務内容を覚えさせる

未知の状況であっても、過去の実例に沿った判断が可能に！

AI＋RPAで生産性アップ！

▲RPAをAIと連携させることで、定型業務に加え、判断や改善など、対応に柔軟性が求められる業務まで自動化できるようになる。

065
他の技術との連携で期待される業務の自動化

最新テクノロジーとの連携で業務の自動化を拡大

　RPAはすべての情報がデジタル化（デジタルトランスフォーメーション）されていないと効果を発揮できません。

　そこで非常に効果的なのが **OCR（Optical Character Recognition）** の技術です。FAXの受信シートや紙の注文書・発注書、手書き文書などが業務の中に残っている企業では、それがRPAによる自動化のネックになります。OCRは最近まで非常に精度が低いものでした。紙媒体には定型・非定型があり、これまでは定型を覚え込ませて、どこにどのような文字情報があるかを識別したうえで文字認識させていました。

　しかし、AIを組み合わせて進化したOCRが最近登場しています。専門のAI（特化型画像AI）によって10万件ほどのサンプルがあれば人間とほぼ同じ精度で識別します。ある程度の学習には3,000～10,000件のサンプルが必要ですが、実用に近付いています。加えて、課題となるのは手書き文字です。同様に機械学習させますが、最終的に特化型推論・考察・最適化AIが判断して文字化します。

　RPAの能力を広げる技術としては、ほかに**映像解析技術**があります。カメラが動体を検知し、RPAが警告を出して警備員が追尾したり、現場に急行するなどです。**音声認識技術**もすでに構想の範囲です。認識結果を音声・言語AIによってテキスト処理するとRPAに組み込めます。対話中に顧客から出た単語から、RPAが社内FAQや該当製品のサイトなどを自動的に検索して表示させるのです。このほか、**IoT**も今後RPAとの連携が期待される技術です。

異なるテクノロジーとの連携・融合で自動化を加速

OCRはアナログ書類のRPAへの組み込みに必須

- FAXの受信データ
- 紙の注文書／発注書
- 手書き文書

情報をデジタル化して自動化業務の中に組み込む

▲RPAは情報がデジタル化されていないと効果が発揮されない。OCRはアナログ情報をデジタルトランスフォーメーションするために必要な技術だ。

さまざまなテクノロジーとの融合がカギ

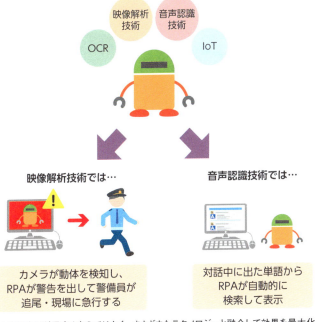

映像解析技術では…
カメラが動体を検知し、RPAが警告を出して警備員が追尾・現場に急行する

音声認識技術では…
対話中に出た単語からRPAが自動的に検索して表示

▲RPAは単独で利用するものではなく、さまざまなテクノロジーと融合して効果を最大化するようになる。

066

ロボットにも「働き方改革」が必要?

ロボットを管理してさらなる業務の効率化を

　RPAがうまく浸透してロボットの数がどんどん増えていくに従って、管理は難しくなっていきます。たとえば住友林業情報システム株式会社では、ロボットの作業状況を管理するシステムを開発し、各ロボットの作業内容や作業時間といった稼働状況をログとしてデータ化し、そのデータを管理することで、それぞれのロボットの勤務状況を確認できるようにしています。

　ロボットの管理はそれだけではありません。パソコンやサーバーの設置環境、CPUやメモリのほか通信環境のスペックアップといった環境管理・改善、マシンの経年劣化による故障の危険や、処理結果に想定外のエラー値がないかどうかを定期的にチェックする健康診断、セキュリティ対策やバグ対応のためにOSやドライバやアプリケーションをバージョンアップするメンテナンスも必要です。ロボットも人間と同様に、快適に働ける環境を整えてあげることで、常にその能力を十分に発揮できるようになります。また、ロボットは人間よりも高速で動作するため、周辺システムに与える影響は大きく、ネットワークや対象業務のアプリケーションサーバーの負荷も確認する必要があります。これらの管理は、情報システム部門やCoEのメンバーで行われます。

　最近ではクラウドシステムやWebシステムが主になっていますが、きちんと情報を掴んでいないと、バージョンアップや仕様変更などがわかりません。日々、**いつロボットの周辺環境が変わるのかに気を配って運用**していくことが大切です。

ロボットの稼働状況や周辺環境を把握して管理する

ロボットの稼働状況を把握

ロボットA	ロボットB	ロボットC	ロボットD	ロボットE
人事部	経理部	営業部		
出勤 (稼働)	出勤 (稼働)	出勤 (稼働)	休暇 (メンテナンス中)	退職 (廃止)
10時から稼働	13時から休憩	14時にエラー (〇〇さん 代理稼働)		

▲ロボットの数が増えれば増えるほど管理が煩雑になり、運用が難しくなる。ロボットの稼働状況を把握し、維持・運用していく必要がある。

ロボットの周辺環境を意識する

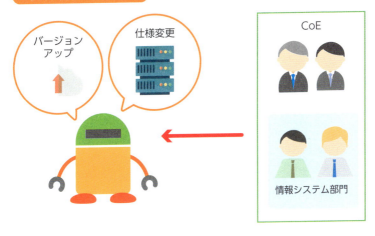

▲ロボットの周辺環境を意識しながら運用していくことが大切。システムに関係する場合もあるため、CoE内には情報システム部門のメンバーの加入も必要だ。

067
ビジネスツールとRPAの連携による進化

BPMが管理・運用を助け、BIが隠れたルーチン作業を分析

　RPAとビジネスツールとの連携が注目されています。その1つが、**BPM（Business Process Management）**です。BPMは既存の業務プロセスを可視化して、設計・構築・管理することで業務を改善していく経営手法とツールのことです。稼働しているロボットの管理のほか、人間とロボットを含めて業務をさらに効率化するための分析ができます。BPMの利点は、**ビジネスプロセスモデリング表記法**という共通の書式で業務をフロー化できることです。PDCAサイクルにより最適化すべきフローを分析してくれたり、業務ロボットが増えた際のロボット改修にあたり、相関ある業務を見つけやすくなるという利点があります。

　もう1つ、業務の効率化をさらに進めることができると考えられているのが、**BI（Business Intelligence）**技術との連携です。BIとは、意思決定を支援する企業データを収集・蓄積・分析・報告する手法や技術のことで、それを補助してくれるのがBIツールです。AIの信頼性を高めるには機械学習に手間もお金もかかりますが、統計的に裏打ちされたBIツールの手法をRPAにおける推論・考察・最適化に用いるのです。このBIの技術を取り入れて、**ロボット化されていない隠れたルーチン業務を発掘、RPA化すべき部分をスコアリングまでしてくれる**RPAツールが存在します。具体的にはデスクトップ上のUIや裏で動いているイベントを全部取得して分析し、ロボット化できる部分を見つけ出します。将来はロボット自体を自動で製造する機能が提供されるでしょう。

ビジネスツールの技術をRPAに活用

BPMの利点

▲BPMは、ビジネスプロセスモデリング表記法という共通の書式で業務をフロー化できる。最適化すべきフローを分析してくれたり、相関ある業務を見つけやすくしてくれたりするメリットがある。

BIツールとは

▲BIとは、企業が意思決定をするために、企業データを収集・蓄積・分析・報告する手法や技術のこと。それを補助してくれのがBIツールだ。

BI技術を活用しロボット化できる部分を発見できるツールも

▲BI技術を取り入れて、ロボット化されていないルーチン業務を見つけ出すことが可能なRPAツールがある。認知されていなかったさらなる業務の効率化が期待できる。

5 どうなる！ RPAがひらく業務効率化の未来

068

RPAの進化形 CPA・IPAとは

IPAが切り拓く未来のロボット・オートメーション

　最近、「**CPA（Cognitive Process Automation：コグニティブ・プロセス・オートメーション）**」という用語が使われるようになってきています。CPAは、RPAにコグニティブ（認知）技術を加えたものです。065で紹介したOCRや映像解析技術・音声認識技術の活用がその例です。067で紹介したBI技術を活用してロボット化できる業務を発見し、自動でロボット化する機能というのも、広い意味でのコグニティブの活用といえるでしょう。CPAの定義は市場でまだ不明確ですが、広義でIPAに含まれます。しかし、コグニティブを実現するのは必ずしもAIである必要はありません。人に気付き（認知）を与えてくれる技術がコグニティブだからです。

　RPAで各業務プロセスを実行し、機械学習によって学んだAIが判断して対応するといった一連の自動化ソリューションは「**IPA（Intelligent Process Automation：インテリジェント・プロセス・オートメーション）**」と呼ばれるようになってきています。IPAはAIを搭載した次世代のRPAともいえます。

　たとえば、受付やコールセンターなどの業務では、チャットやメール、場合によっては通話で受け付けた問い合わせ内容をAI搭載のRPAが判断して、よくある質問であればAI搭載のRPA自身が回答し、難しそうな内容であれば人間に割り当てます。人間に割り振ったあとも、AI搭載のRPAが内容を理解して、オペレーターのモニタに参考データを表示するといった方法を取ることで、迅速な対応が可能になります。

RPAの進化した未来がCPA・IPA

CPAはRPAにコグニティブ技術を取り込んだもの

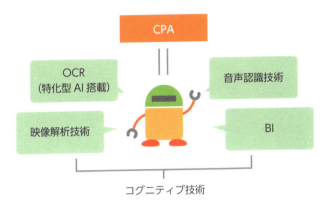

▲CPAはRPAとコグニティブ技術の連携により、さらにRPAの可能性を広げる。コグニティブを実現するのは必ずしもAIとは限らない。

コールセンターにおけるIPAの例

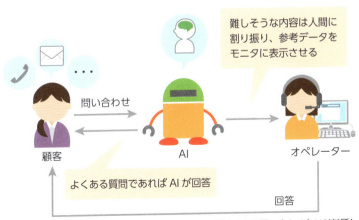

▲IPAによって、たとえば受付やコールセンターでは、顧客からの問い合わせをAIが判断して回答することが可能になる。

069
自動化ソフトウェアから オペレーション改革を実現する手段へ

ロボットによる代行が人間の可能性を高める

　RPAは、従来人間が行っていた作業を正確に行ってくれますが、RPAを導入するときには、事前の取り組みとしてオフィスの作業内容を再確認し、業務フローを設計して、管理すべき点を洗い直す必要があります。そういった作業の一つ一つは、デジタルトランスフォーメーションを実現し、**オペレーションを改良する手段として大きな効果をもたらしてくれる**でしょう。

　RPAの浸透によって、人間は単純な作業から解放され、**付加価値の高い課題に取り組むことができる**ようになります。人間だけが可能な創造的で生産性の高い仕事をするためには、手間やコストがかかる作業をロボットに委ねてしまうのが、これからの社会の大きな流れとなるでしょう。社会の状況が刻々と変化する中、企業としてはもっと働く人に新しい価値を生み出す仕事をしてもらいたいはずです。RPAはそのために生まれて、近い未来コグニティブやAIと連携してCPA・IPAへと進化し可能性は広がろうとしています。この流れにいち早く対応し、戦略的に**人間とロボットがうまく協働する環境を作っていくことが、企業の将来を決める**カギとなるはずです。

　RPAは日本のGDPを底上げする切り札として期待されています。内閣府と経済産業省はGDP600兆円の目標を掲げていますが、労働人口が減少する中でいかに生産性を維持・向上させることができるのか？　RPAが広く企業に浸透して**生産性を改善し、同時に働く人のすべてがいきいきと活躍する**社会が実現できるのであれば、RPAが生まれてきた意義は大きいといえるでしょう。

業務の自動化が企業戦略の策定につながる

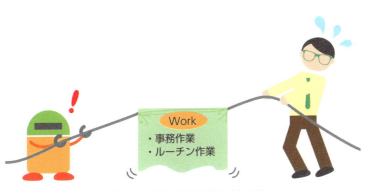

ロボットと人間の仕事の取り合いから

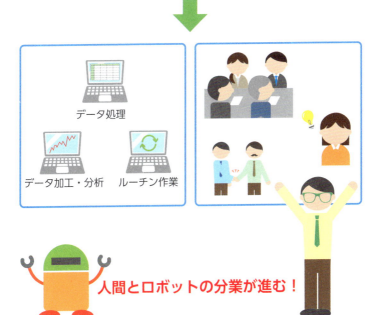

人間とロボットの分業が進む！

▲ロボットがやるべき業務、人間がやるべき業務を切り分けることで、企業は社会に対してより高い付加価値を生み出すことが可能になる。

RPA関連企業リスト

ソリューション **ナイスジャパン株式会社** URL https://jp.nice.com/	コンタクトセンター向けソリューションを提供し、アメリカ、ヨーロッパ、アジアで高いシェアを誇る。2001年よりRPAに参入、フロントオフィスからバックオフィスまで幅広く適用可能なRPAを提供。
ソリューション **株式会社アイティフォー** URL https://www.itfor.co.jp/	金融機関や中央省庁、民間企業まで幅広い実績を持つ。RPA適用診断から導入後保守に至るまでを支援。同社提供のRPAツールは定型業務向けの全自動型と非定型業務向けのアシスト型があり、ハイブリッドで活用可。
ソリューション **コムチュア株式会社** URL https://www.comture.com/	RPA導入を検討中の企業に対し、RPAツールの導入から導入後の定着化・運用保守までを支援するトータルソリューションを提供。
ソリューション **インフォコム株式会社** URL https://www.infocom.co.jp/	日商エレクトロニクスと協業し、「紙帳票の自動取込」ソリューションを提供。取引先から受領した紙帳票をRPAツールとAI-OCRを連携させることでデータ化し、同社が扱う進化系ERP「GRANDIT」への入力を容易にした。
ソリューション **株式会社システムソフト** URL https://www.systemsoft.co.jp/	RPAの黎明期から業務自動化の取り組みを行う。RPAロボット開発のノウハウを活かし、導入から運用に至るまでの支援を行う。BizRobo!やWinActor、UiPathなどの主要RPAツールにも対応している。
ソリューション **アクセンチュア株式会社** URL https://www.accenture.com/jp-ja/	さまざまな事業領域で幅広いサービスとソリューションを提供。業界屈指のRPA導入実績から培われたノウハウを活かし、各金融機関の経営や業務に即したRPA導入を支援。
ソリューション **株式会社エル・ティー・エス** URL https://lt-s.jp/	RPAやAI、BPMを活用して企業変革と働き方改革を促進。RPA導入支援では、業務分析やRPA構築・運用など、業界や組織体制に応じた多様な支援実績がある。
ソリューション **パーソルホールディングス株式会社** URL https://www.persol-group.co.jp/	働き方改革を推進するため、同グループ社内にRPA推進室を新設。法人向けではRPA導入支援サービスやRPA人材の派遣サービスなどを提供し、個人向けには個人のレベルやニーズにあわせたスキルアップ支援講座を多数実施。
ソリューション **RPAホールディングス株式会社** URL https://rpa-holdings.com/	RPA分野のリーディングカンパニーとして、デジタルレイバーを活用した新規事業の立ち上げを支援。数多くのソフトウェアロボットの導入実績を持つ。
ソリューション **日本アイ・ビー・エム株式会社** URL https://www.ibm.com/jp-ja	金融機関や製造、流通業のRPA導入プロジェクトを支援。RPAとBPMを活用し、くり返し行う定型作業を自動化する「IBM Robotic Process Automation with Automation Anywhere」を提供。

ソリューション **スターティアホールディングス株式会社** URL https://www.startiaholdings.com/	クラウドストレージとRPA関連が主な事業内容。RPA事業ではヒアリングから勉強会の実施などのソリューションを行う。また、純国産RPAツール「Robo-Pat」や「WinActor」の提供を行う。
ソリューション **株式会社ニーズウェル** URL https://www.needswell.com/	金融、流通・サービス、社会インフラなどの幅広い分野のシステム開発を中心に事業を展開。RPAにおいては、業務自動化ソリューションの提供を本格化し、適用範囲の提案から導入後の定着化や運用保守までをサポート。
ソリューション **株式会社パソナグループ** URL https://www.pasonagroup.co.jp/	RPA導入の提案や、ロボット設計を行うRPA人員を養成・派遣している。また、RPAテクノロジーズと協業し、RPAソリューションを企業に提案する人材を育成するプログラムの提供も行う。
ソリューション **株式会社ビジネスブレイン太田昭和** URL http://www.bbs.co.jp/	RPAテクノロジーズと業務提携し、経理財務・人事分野でのRPAを活用したソリューションを提供。
サービス **ソフトバンク株式会社** URL https://www.softbank.jp/biz/other/rpa/	RPAホールディングスと協業し、RPAを利用した業務改革ソリューション「SynchRoid」を開発。また、freeeと共同して、企業の会計や人事・労務における作業を自動化するRPAロボットも開発している。
サービス **株式会社豆蔵ホールディングス** URL https://www.mamezou-hd.com/	RPA導入後の企業をサポートする「RPA診断」サービスを開始。次世代型ボットエンジンにロボティクスプラットフォームの技術を融合した「豆蔵AI+RPA」を開発中。
サービス **株式会社SHIFT** URL http://www.shiftinc.jp/	ソフトウェアの品質保証やテスト事業を手掛ける。RPAテクノロジーズと共同してRPA診断改修サービス「ROBOPIT！」の提供を開始。
サービス **インフォテリア株式会社** URL https://www.infoteria.com/jp/	国内初のXML専業ソフトウェア会社として設立。RPAテクノロジーズと提携し、BizRobo!の適用領域を拡張する「BizRobo Smart Connect」を提供。
サービス **株式会社クラウドワークス** URL https://crowdworks.jp/	RPAテクノロジーズとパナソニックソリューションテクノロジーと共同し、RPAツールとRPAサポート人材をセットで提供する「Forge RPA」を開発。2019年度中に1,000人のクラウドワーカーをRPA人材へ育成する。
サービス **AGS株式会社** URL https://www.ags.co.jp/	データセンターの運用やソフト開発などを手掛ける。RPA導入支援サービスも開始し、適用可否の判断や製品選定・試行、ロボットの開発支援などを行う。

RPA関連企業リスト

サービス **伊藤忠テクノソリューションズ株式会社** URL http://www.ctc-g.co.jp/	オフィス業務の自動化ソリューション「UiPath」を展開。導入のコンサルティングから設計・システム構築・運用までを支援。バックオフィス部門やマーケティング部門向けに提供。
サービス **TIS株式会社** URL https://www.tis.co.jp/	ホワイトカラーの生産性向上を実現する月額定額制のRPAソリューション「RPA Smart」を開発。ロボットの作成を無制限に行え、ノンプログラミングでの構築が可能。
サービス **株式会社電通国際情報サービス（ISID）** URL https://www.isid.co.jp/	金融機関向けのシステム構築を数多く手掛ける。AI insideと協業し、AI insideが開発・提供するAI技術を搭載したOCRソフト「DX Suite」の販売を開始すると発表。金融機関に向けて提供する意向。
サービス **JFEシステムズ株式会社** URL https://www.jfe-systems.com/	UiPathとリセラー契約を締結し、日本国内でRPAプラットフォーム「UiPath」の販売を開始。顧客企業におけるUiPathの導入から運用までをトータルで支援する。
サービス **株式会社フォーバルテレコム** URL https://www.forvaltel.co.jp/	インフォテリアと提携し、NTTデータのRPAツール「WinActor」とインフォテリアのデータ連携ツール「ASTERIA WARP」を連動させ、RPAの適用範囲を拡張する。
サービス **株式会社クレオ** URL https://www.creo.co.jp/	クラウド型RPAサービス「CREO-RPA」にロボット管理者支援機能を追加し、内部統制の強化を図る。また、部門別のロボットテンプレートを標準装備し、無償で提供している。
サービス **株式会社日立製作所** URL http://www.hitachi.co.jp/	AI技術を活用したRPAシステムを開発。また、効率的に高品質でシステムを開発するため、AIやRPAなどのデジタル技術を組み合わせたシステム開発基盤「Justware統合開発プラットフォーム」を販売。
サービス **株式会社島津製作所** URL https://www.shimadzu.co.jp/	医療用機器のサービス統括部にバーチャル社員を導入。RPAのロボットはBlue Prismをベースに開発された。伝票データの入力を自動化することで業務の効率化を図っている。
サービス **Automation Anywhere, Inc.** URL https://www.automationanywhere.co.jp/	アメリカのサンノゼに拠点を置くRPAの最大手。日立ソリューションズが日本で初の販売代理店となったことをきっかけに国内市場へ参入し、日本IBMやアクセンチュアなど、多数の企業と提携している。
サービス **Blue Prism株式会社** URL https://www.blueprism.com/	イギリスに本社を置くRPAの老舗。同社が開発する全社統括管理RPAツール「Blue Prism」は、金融機関や公的機関などのエンタープライズ組織への導入を念頭に設計されている。

サービス **株式会社アシスト** URL https://www.ashisuto.co.jp/	RPAソフト、BRMSソフト、データ連携ソフトの3製品を組み合わせ、業務の効率化と生産性向上を支援する「AEDAN自動化パック」を提供。
サービス **ユーザックシステム株式会社** URL http://www.usknet.com/	業務システムの開発やRPAソリューションの開発などさまざまな事業を手掛ける。2004年にWebブラウザの操作を自動化する「Autoブラウザ名人」を開発・販売し、幅広い業務でRPA導入の支援を行う。
サービス **ACALL株式会社** URL https://corp.acall.jp/	来客対応のRPAサービス「ACALL」の開発・販売を行う。また、ワークスペースのシェアリングサービス「スペイシー」と業務提携を行い、オフィス内の無人会議室のシームレスな利用を目指している。
サービス **株式会社コムスクエア** URL https://www.comsq.com/	運用監視や障害発生時の対応を自動化するRPAツール「パトロールロボコン」を提供。
サービス **株式会社エヌ・ティ・ティ・データ** URL http://www.nttdata.com/jp/ja/	2017年1月にRPA専用のチームを発足し、純国産のRPAソリューション「WinActor」を開発・提供する。また、使いこなすためのサポートも行い、業務改革に取り組む企業のRPA活用を支援。
サービス **エン・ジャパン株式会社** URL https://corp.en-japan.com/	RPAテクノロジーズと提携し、ロボットを活用した採用業務代行サービスを展開。人手不足解消の一翼を担う。
コンサルティング **アビームコンサルティング株式会社** URL https://www.abeam.com/jp/ja	アジアを基点とするグローバルコンサルティングファーム。同社の業務改革プロジェクトやRPAの導入実績で培ったノウハウをRPAと組み合わせた「RPA業務改革サービス」を提供している。
コンサルティング **富士通株式会社** URL http://www.fujitsu.com/jp/	RPAを中核とし、AIなどの最先端技術を活用してオフィスや現場フロントの業務変革を実現する「ACTIBRIDGE」を提供。同サービスでは、コンサルティングからPoC・導入・構築・運用までをトータルサポート。
コンサルティング **バーチャレクス・ホールディングス株式会社** URL http://www.vx-holdings.com/	コンサルティングやアウトソーシング事業を手掛ける。RPAの導入・運営支援サービスも行い、コンタクトセンターをはじめとするさまざまな業務にRPAを活用。
RPA関連協会 **一般社団法人日本RPA協会** URL https://rpa-japan.com/	人間とロボットが共存する世界を目指し、RPA市場に貢献することを目的とした団体。自治体などの業務の効率化を図る支援プログラムも提供を開始。

Index

記号・アルファベット

4つのレベル ……………………30
ACALL …………………………52
AEDAN（えいだん）自動化パック …46
AI ……………………………142
API ……………………………92
Automation Anywhere … 103, 121
Autoブラウザ名人 …… 48, 103, 121
BI ……………………………146
BizRobo! ………………… 103, 121
BizteX cobit ………………… 122
Blue Prism ……………… 103, 121
BPM ………………………98, 148
BRMS …………………………98
CoE ………………………128, 140
CPA …………………………150
Excelマクロ ……………………26
IoT ………………………94, 144
IPA …………………………150
Kofax Kapow …… 74, 103, 121
Linux …………………………136
M2M …………………………94
NEC Software Robot Solution … 103, 121
NICE Advanced
　Process Automation …… 103, 121
OCR …………………………144
PoC …………………………108
PoCパッケージ ………………108
ROBOWARE …………………136
RPA ……………………………8
RPA運用に特化した職種 ……140
RPAが登場した背景 ……………12
RPA市場 ………………………16
RPA診断 ……………………132
RPAツール ………………26, 120
RPAツールが抱える問題 ………96
RPAツールの選び方 ………120
RPAツールの価格 ……………102
RPA導入の流れ ………………118
RPA導入のメリット ……………22
RPAに適した業務 ……………37
RPAに必要な3つの機能 ………76
RPAマネージャー …………104, 140
UiPath ……………………103, 121
WinActor ……………44, 103, 121
Windows API ………………92

あ 行

悪意のあるロボット ……………134
運用管理体制 …………………126
映像解析技術 …………………144
オペレーション改革 …………152
音声認識技術 …………………96
オンプレミス型 ……………70, 122

か 行

画像解析 ………………………86
仮想社員 ………………………56
ガバナンス整備 ………………116
管理・調整 ……………………80
機械学習 ……………………142
業務改善コンサルティングスキル … 130
業務の可視化 ………………114
業務プロセス …………………18
業務マネージャー …………104, 140
記録型 ………………………106
クラウド型RPA ……………70, 122
クラウドワークス社 ……………72

現場主導型	112	導入の前にすべきこと	114
構成技術	82	得意な業務	20
構造解析	84	特化型	120
構築型	106	特化型AI	144
コールセンター	58	トップダウン型	112
コグニティブ	150	トライアル導入	118
コミュニケーションスキル	130		
コンタクトセンター	64		

さ 行

な 行

ナイス・ロボティックオートメーション	54		
野良ロボット	134		

サーバー型RPA	24, 120
座標指定	86
自己判断ベース	28
自社開発	104
自治体	68
実行・運用	78
周辺技術	94
スマートDB	100
セキュリティポリシー	126
接続性テスト	108, 118
設定・開発	76
総務省	62

は・ま 行

配送手配	66
働き方改革	32, 146
バックオフィス部門	40
パトロールロボコン	50
汎用型	120
ビジネスプロセスモデリング表記法	146
部門別対象業務	37
プログラミングスキル	130
フロントオフィス部門	42
ヘルプデスク	60
ホワイトカラー	8, 138
マクロ	26
求められるスキル	130

た 行

対象業務の選定	118
ディープラーニング	142
適用領域	38
デジタルトランスフォーメーション	144
デジタルレイバー	10
デスクトップ型RPA	24, 102, 120
導入支援サービス	104
導入テスト	124
導入に必要な人材と組織	110
導入に必要なモノやコト	74

ら・わ 行

ライブラリ	92
ルールエンジン	88
ルールベース	28
ロジカルシンキングスキル	130
ロボットの管理	98, 146
ワークフロー	90

■ 問い合わせについて

本書の内容に関するご質問は、下記の宛先までFAXまたは書面にてお送りください。なお電話によるご質問、および本書に記載されている内容以外の事柄に関するご質問にはお答えできかねます。あらかじめご了承ください。

〒162-0846
東京都新宿区市谷左内町21-13
株式会社技術評論社　書籍編集部
「60分でわかる！　RPAビジネス　最前線」質問係
FAX：03-3513-6167

※ご質問の際に記載いただいた個人情報は、ご質問の返答以外の目的には使用いたしません。
　また、ご質問の返答後は速やかに破棄させていただきます。

60分でわかる！　RPAビジネス　最前線

2018年11月2日　初版　第1刷発行

著者	RPAビジネス研究会
監修	株式会社アイティフォー
	ナイスジャパン株式会社
発行者	片岡　巌
発行所	株式会社　技術評論社
	東京都新宿区市谷左内町21-13
電話	03-3513-6150　販売促進部
	03-3513-6160　書籍編集部
編集	リンクアップ
担当	和田　規
装丁	菊池　祐（株式会社ライラック）
本文デザイン・DTP	リンクアップ
製本／印刷	大日本印刷株式会社

定価はカバーに表示してあります。

本書の一部または全部を著作権法の定める範囲を超え、
無断で複写、複製、転載、テープ化、ファイルに落とすことを禁じます。

©2018　技術評論社

造本には細心の注意を払っておりますが、万一、乱丁（ページの乱れ）や落丁（ページの抜け）がございましたら、小社販売促進部までお送りください。送料小社負担にてお取り替えいたします。

ISBN978-4-297-10085-8 C3055

Printed in Japan